Mathematik begreifen

Arbeitsheft 1 Teil 1

Herausgegeben von
J. Peter Böhmer
Ekkehard Jander
Wilfried Schlake

Bearbeitet von
Ursula Adam
J. Peter Böhmer
Wolfram Buchwald
Ekkehard Jander
Julia Karakaya
Gabriele Kleen
Wilfried Schlake

Ernst Klett Grundschulverlag
Leipzig Stuttgart Düsseldorf

Inhalt

1. Vergleichen und sortieren

2. Die Zahlen 0 bis 6

3. Geometrie I: Orientieren, Körper und Flächen

4. Die Zahlen 0 bis 10

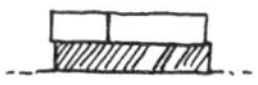

5. Rechnen bis 10: Grunderfahrungen

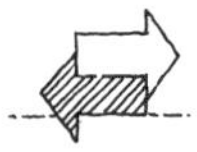

6. Rechnen bis 10: Zusammenhänge

Spiele

⚀

⚁

⚂

⚀ Anmalen: Vogel, Blumen, Tür, Fenster. ⚁, ⚂ Bilder vergleichen und Unterschiede einkreisen; anschließend die Unterschiede nennen lassen.

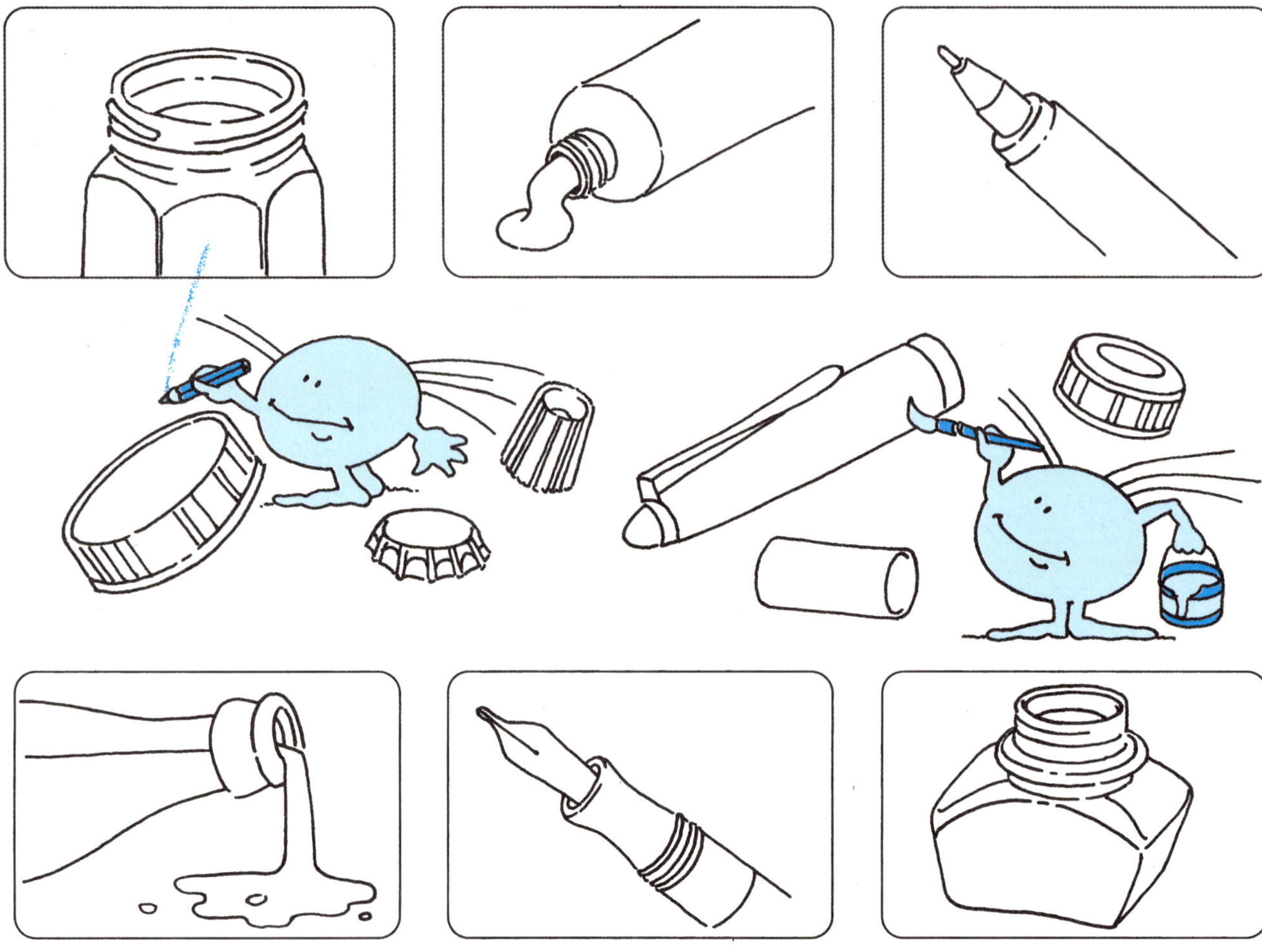

⚀ Gegenstände anmalen; zuordnen: Welche Gegenstände gehören zusammen?
⚁ Früchte anmalen; zuordnen: Zitrone → Zitronensaft,...

•

B Gegenstände im Bild anmalen: blau: Besteck/Geschirr,...; gelb: Werkzeug; rot: Schulsachen.
• Schnippelbilder aus der Kopiervorlage (KV) anmalen, ausschneiden, sortieren und in die Tabelle einkleben.

⚀

⚁

⚀, ⚁ Die Vorlage mit Farbigen Stäben auslegen; danach auf dem Tisch nachlegen. Die Vorlage anmalen.

Mehr – weniger – gleich viele

⚀

⚁

⚂

⚃

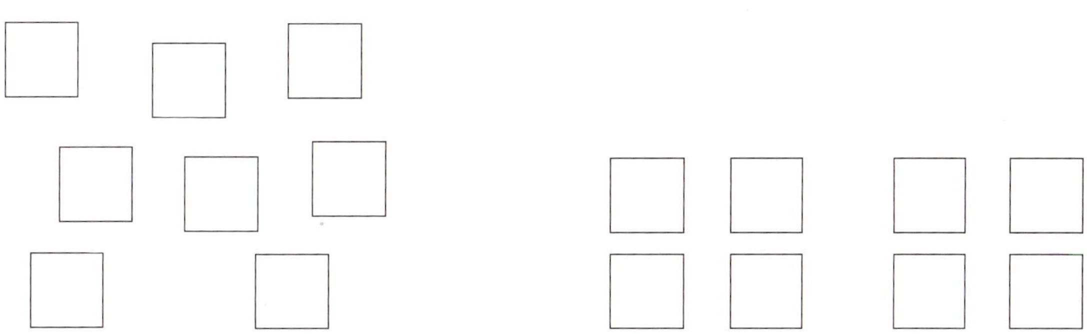

B Nachspielen, erzählen. Vergleichen: mehr – weniger – gleich viele?

⚀, ⚁, ⚂ Durch paarweises Zuordnen vergleichen. ⚃ Menge links mit Einern belegen, vergleichen durch Umordnen.

Objekte auf der Bildkarte mit Einern belegen, diese Einer im Leerfeld zum Würfelbild umordnen, Punkte im zugehörigen Würfelbild anmalen, Bildkarte mit Würfelbild verbinden.

Die Zahlen 1 und 2

1

2

1 Mengen mit Einern belegen, Einermengen einkreisen, 1 nachfahren und schreiben.
2 Mengen mit Einern belegen, Zweiermengen einkreisen, Stäbe anmalen, 2 nachfahren und schreiben.

Die Zahl 3

1

2

3

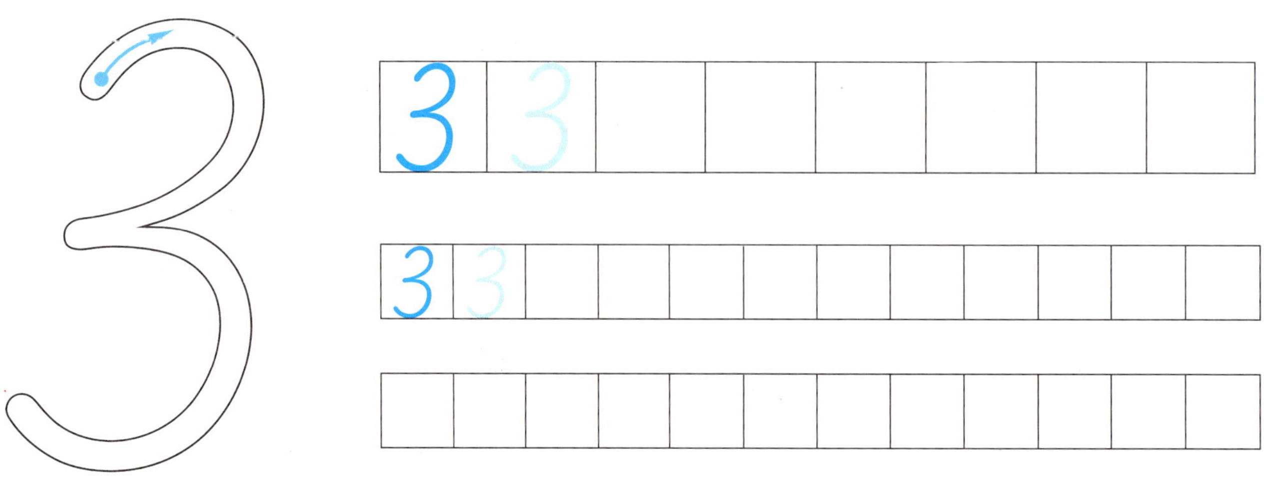

4

1 Einer auf die Mützen legen, Anzahl bestimmen. Einer auf die Puppen umordnen und vergleichen. Die neue Zahl 3 einführen. Anzahl der Hosen bestimmen, mithilfe von Einern mit der Zahl der Puppen vergleichen.
2 Zwei Einer auf die Spielfiguren setzen, Zweier-Stab legen und anmalen. Einen Einer dazulegen, passenden Stab legen und anmalen. **3** Ziffer nachfahren und schreiben. **4** Anzahl bestimmen, Würfelbild malen und Ziffer schreiben.

Die Zahl 4

1

2

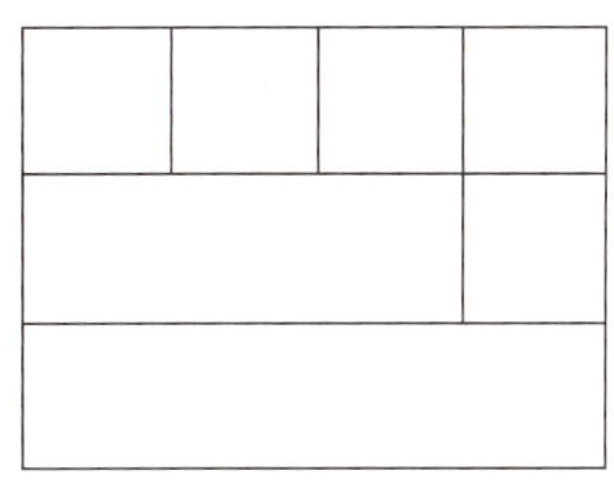

3

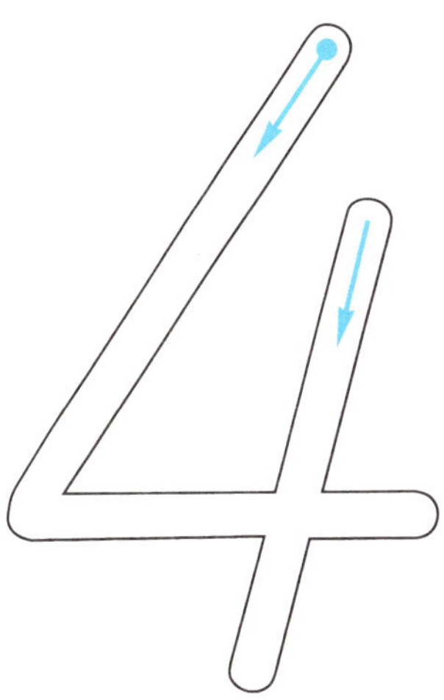

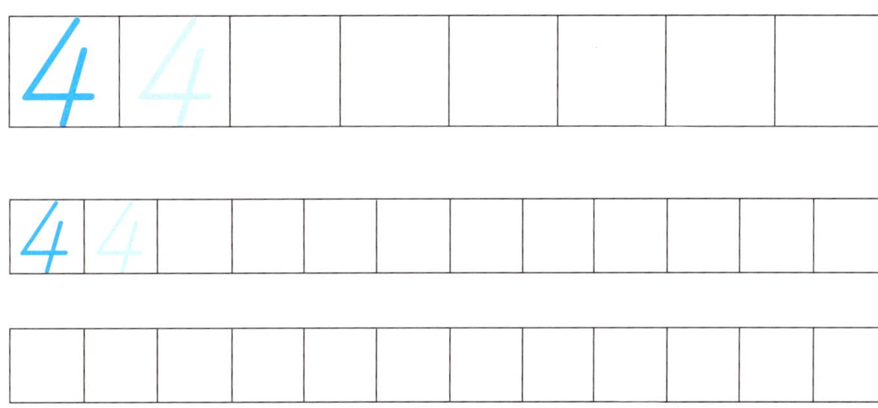

4

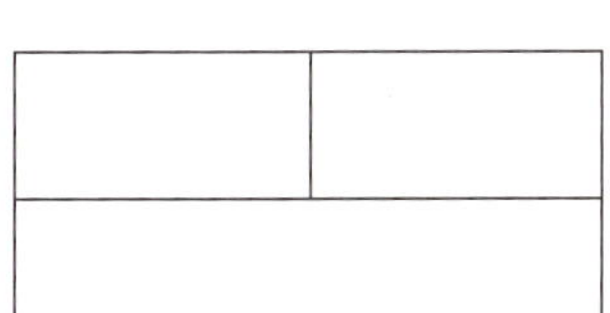

1 Einer auf Eier legen, Anzahl bestimmen. Einer auf die Eierbecher umordnen und vergleichen. Neue Zahl 4 einführen. Anzahl der Tassen bestimmen, mithilfe von Einern mit der Zahl der Untertassen vergleichen. **2** Drei Einer auf die Spielfiguren setzen, Dreier-Stab legen und anmalen. Einen Einer dazulegen, passenden Stab legen und anmalen. **3** Ziffer nachfahren und schreiben. **4** Die Zahl 4 aus 2 und 2 zusammensetzen (mit Mützen, Farbigen Stäben, Würfelbildern).

6 Sehen – fühlen – hören

1

2

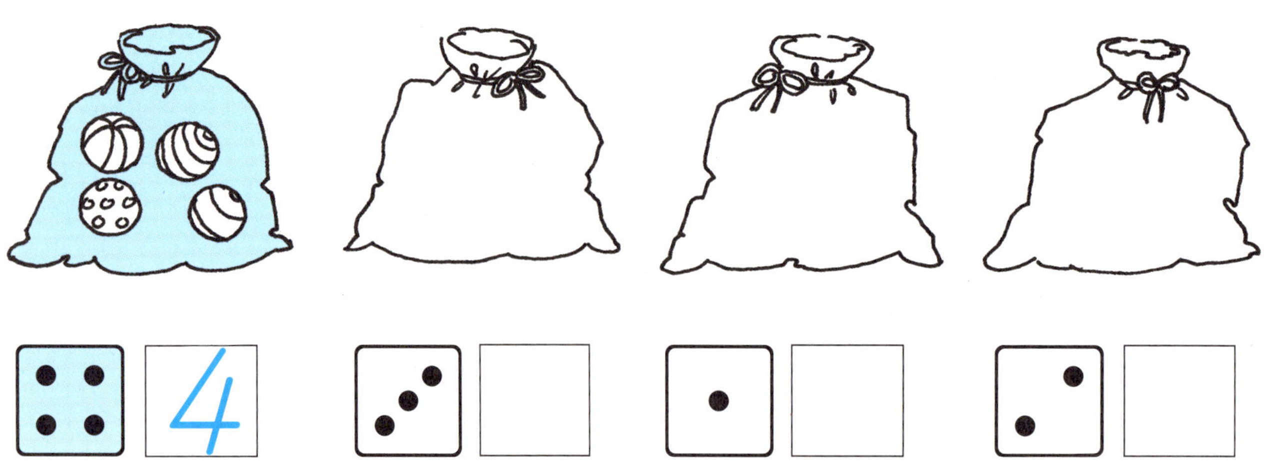

B Fühlsäckchen, Bildkarten, Würfelbildkarten und Ziffernkarten herstellen.
1 Einer auf Objekte legen, zugehöriges Würfelbild legen, zeichnen; Zahl eintragen.
2 Einer entsprechend dem Würfelbild legen, Objekte einzeichnen, Zahl eintragen.

1

4 | 3 + 1 | + | +

2

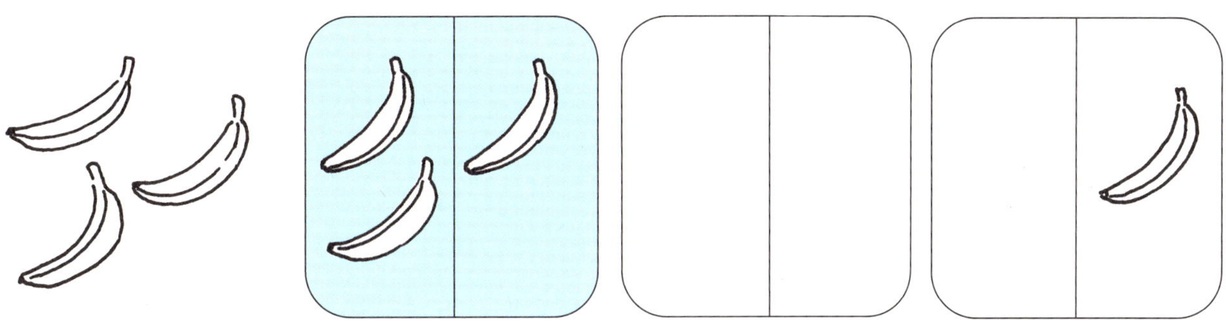

3 | 2 + 1 | 1 + | +

3

4
2 + 2
+
+

4

3
+
+

B Einer auf Kinder legen, auf die beiden Stuhlreihen setzen (mehrere Möglichkeiten durchspielen).
1, **2** Zerlegung mit Einern durchführen, nennen, für + „plus“ sprechen.
3, **4** Stäbe legen und anmalen, Zahlensatz schreiben.

Die Zahl 5

1

2

3

4

1 Einer auf die Drachen legen, Anzahl bestimmen. Einer auf die Kinder umordnen und vergleichen. Neue Zahl 5 einführen. Anzahl der Luftballons bestimmen, mithilfe von Einern mit der Zahl der Kinder vergleichen. **2** Vier Einer auf die Spielfiguren setzen, Vierer-Stab legen und anmalen. Einen Einer dazulegen, passenden Stab legen und anmalen. **3** Ziffer nachfahren und schreiben. **4** Die Zahl 5 aus 2 und 3 zusammensetzen (mit Laternen, Farbigen Stäben, Würfelbildern).

1

2

3

4

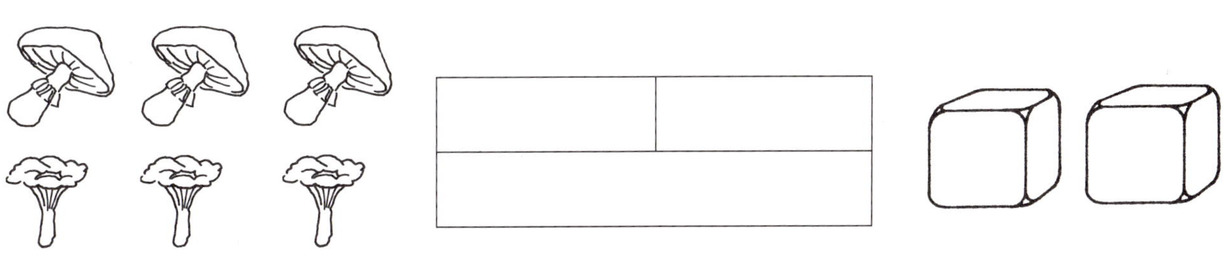

1 Einer auf die Zahnbürsten legen, Anzahl bestimmen. Einer auf die Becher umordnen und vergleichen. Neue Zahl 6 einführen. Anzahl der Schwämme bestimmen, mithilfe von Einern mit der Zahl der Kinder vergleichen.
2 Fünf Einer auf die Spielfiguren setzen, Fünfer-Stab legen und anmalen. Einen Einer dazulegen, passenden Stab legen und anmalen. **3** Ziffer nachfahren und schreiben. **4** Die Zahl 6 aus 3 und 3 zusammensetzen (mit Pilzen, Farbigen Stäben, Würfelbildern).

1

2

2

1 2

3

2

4

1 2 3 4 5 6 1 2

1 2 3 4 5 6

6 5

1 Würfeln, Würfelbild mit Bildkarte verbinden. Fehlende Objekte, Würfelbilder, Zahlen eintragen.
2, **3** Legen, zeichnen, anmalen. Ziffern schreiben, Würfelbild zeichnen. **4** Ziffern schreiben.

Die Zahl 0

1

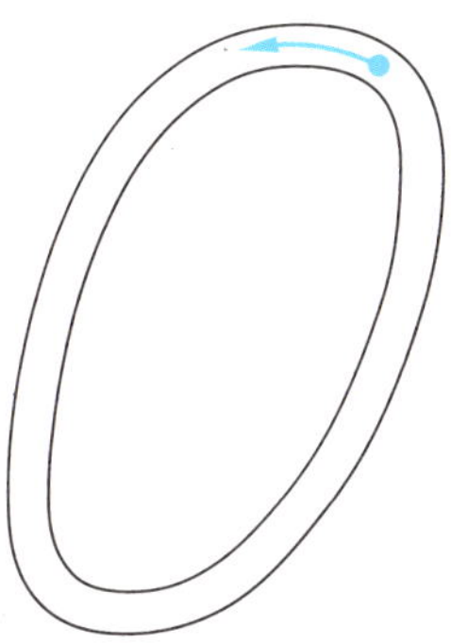

0 0

0

0 1 2 3 4 5 6

2

4

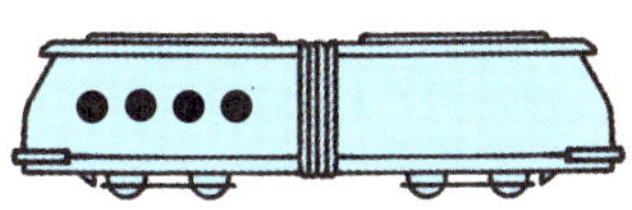

4 + 0

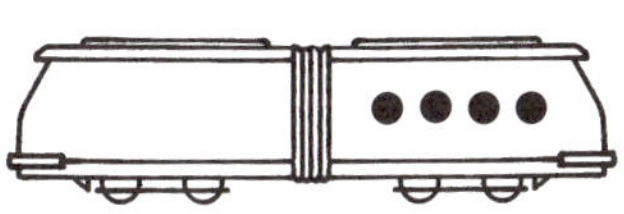

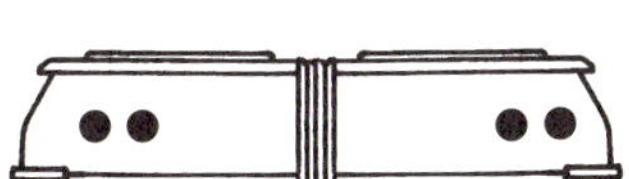

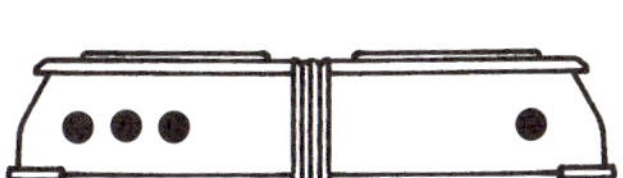

3

3

3 + 0

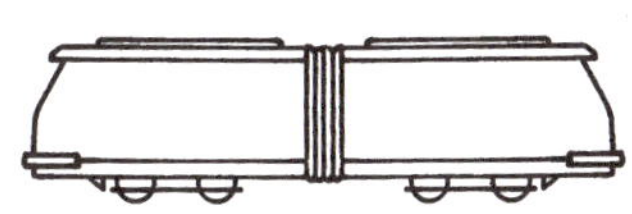

0 + 3

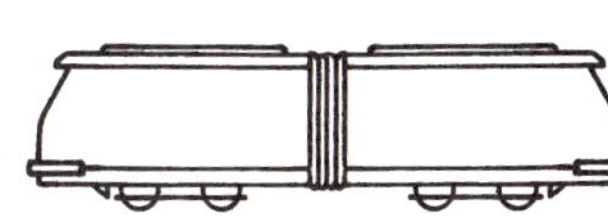

1 + 2

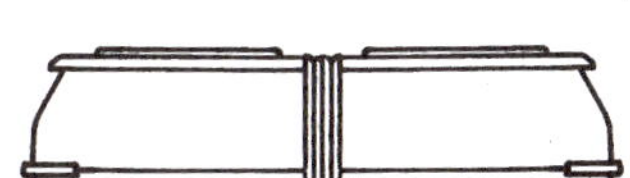

2 + 1

B Nachspielen, erzählen. Einer auf Kinder legen, in den Eisenbahnwagen setzen. **1** 0 nachfahren, Ziffern schreiben.
2 Zerlegung durchführen, im Modell darstellen, Zahlensatz schreiben. **3** Zerlegungen darstellen.

5 und 6 zerlegen

1

5

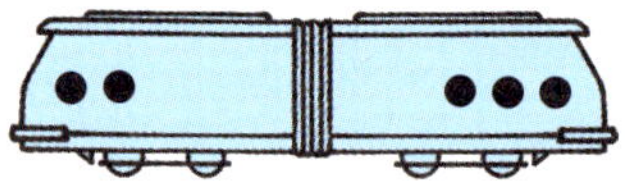

2 + 3

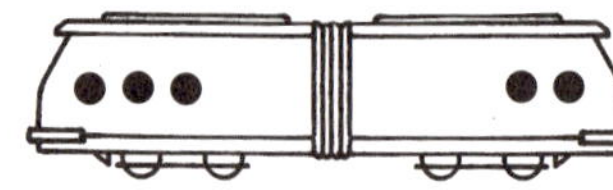

3 +

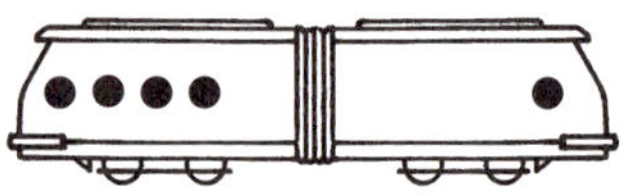

+

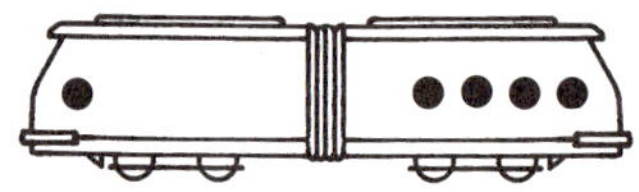

+

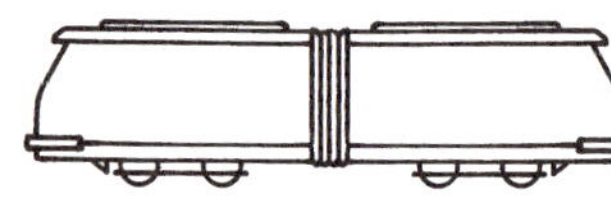

0 +

2

6

4 + 2

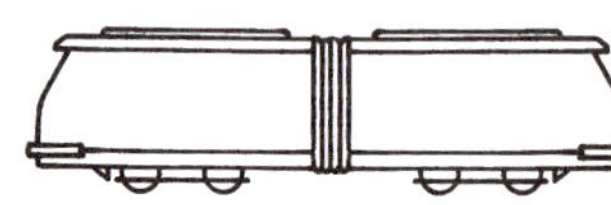

5 +

+

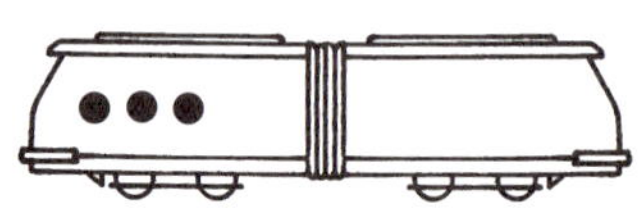

+

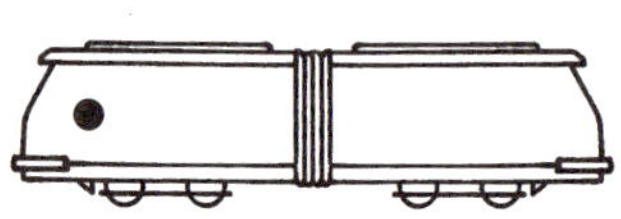

1 +

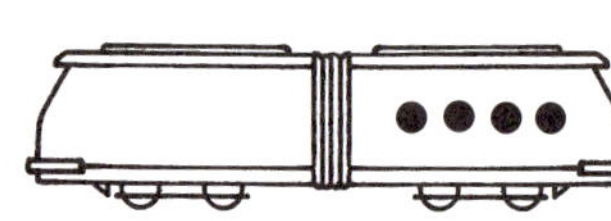

+ 4

3

5	3	4	6
0+5	+0	4+	+0
1+	+1	3+	+1
2+	+2	2+	+2
3+	+3	1+	+3

1 Zerlegungen durchführen, im Modell darstellen, Zahlensatz schreiben.
2 Zerlegungen darstellen. **3** Zerlegungen schreiben.

5 und 6 zerlegen

1

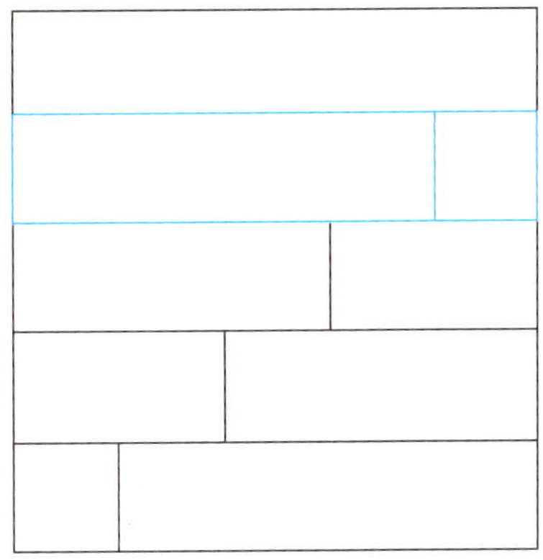

5
4+1
3+
+
+

2

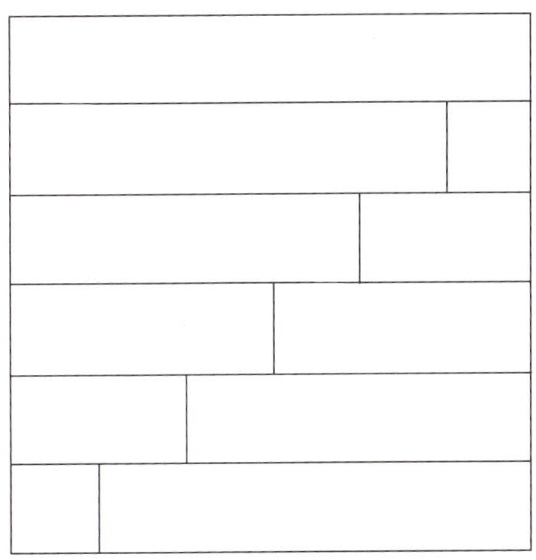

6
5+
+
+
+
+

3

6
6+
5+
4+
3+
2+
1+

5
+5
+4
+3
+2
+1
+0

4

6
4+
6+
+5
2+
+3
0+

5
3+
+5
2+
+0
+4
+1

1, **2** Figuren mit Einern belegen, zusammenschieben und durch passenden Stab ersetzen. Zerlegung mit Stäben durchführen, schreiben. **3**, **4** Zerlegungen schreiben, gegebenenfalls legen.

Gleiche Anzahlen

1

5 = 5

5 = 3 +

2

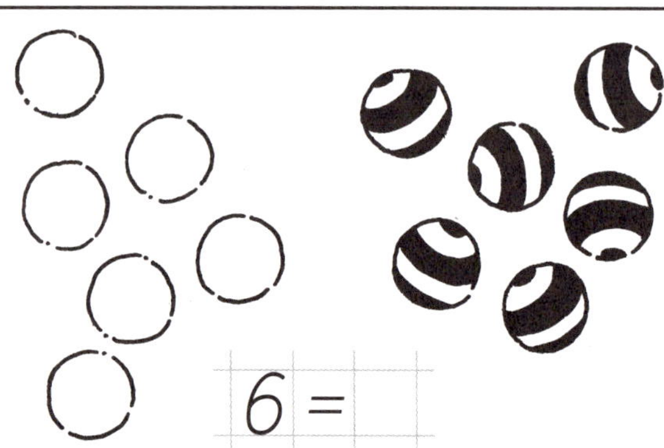

6 =

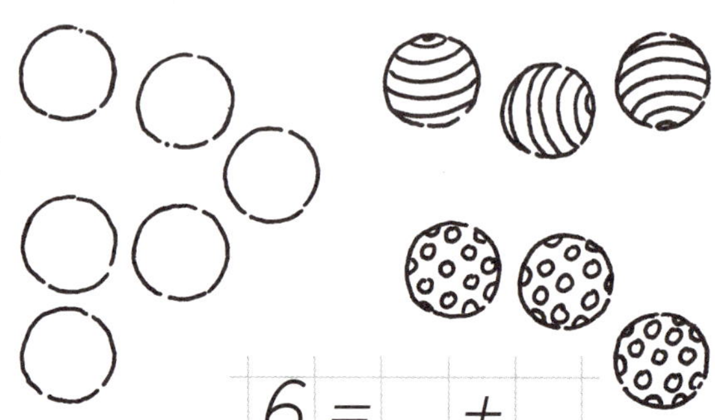

6 = +

3

4 =

4

B Nachspielen, erzählen; Anzahlen der Spieler vergleichen. **1** bis **3** Menge links mit Einern belegen, die Einer auf die andere Menge legen, vergleichen; Zahlensatz nennen, für = „gleich" sprechen, schreiben.

1

5
4 + 1
+
+
+

5 = 4 + 1
5 = +
5 = +
5 = +

2

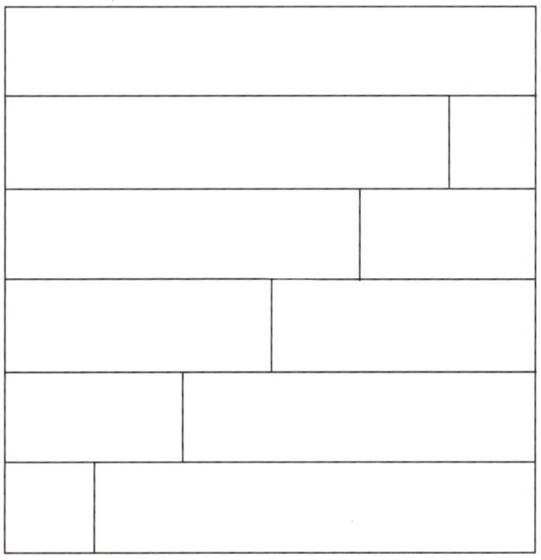

6
+
+
+
+
+

6 = +
= +
= +
= +
= +

3
5 = 3 +
5 = + 4
5 = + 0
5 = 1 +

4
6 = 3 +
6 = 0 +
6 = + 4
6 = 5 +

5
3 = 2 +
4 = 2 +
3 = + 0
6 = 1 +

6
5 = 2 + ■
5 = 3 + ■
5 = ■ + 4
5 = ■ + 0

7
6 = 1 + ■
6 = 0 + ■
6 = 2 + ■
6 = 3 + ■

8
4 = 1 + ■
5 = 1 + ■
4 = 0 + ■
6 = 2 + ■

1, 2 Zerlegungen mit Stäben legen, nennen, schreiben, Stäbe anmalen. 3 bis 5 Zerlegungen nennen, schreiben; gegebenenfalls legen. 6 bis 8 Aufgaben ins Heft übertragen, Zerlegungen schreiben.
3 und 6, 4 und 7, 5 und 8 sind jeweils einander zugeordnete gleiche Aufgabentypen.

Was stimmt hier nicht?

1

2

1 Einkreisen, was nicht stimmt. Lagebeziehungen erkennen und nennen: über, unter, auf,...
2 Schnippelbilder (KV) ausschneiden und das richtige Bild aufkleben und anmalen.

1

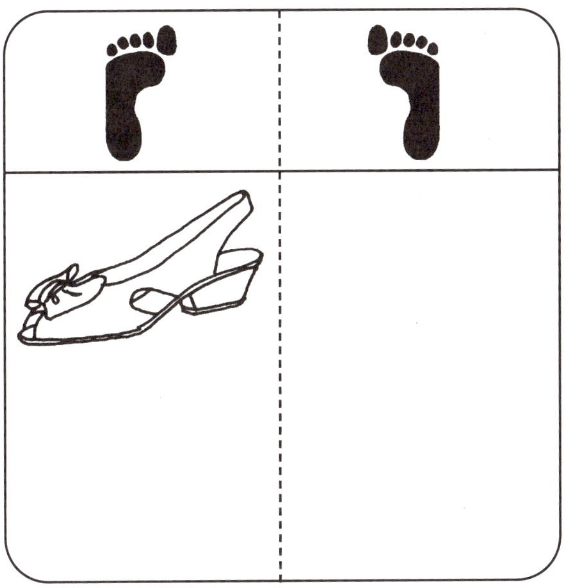

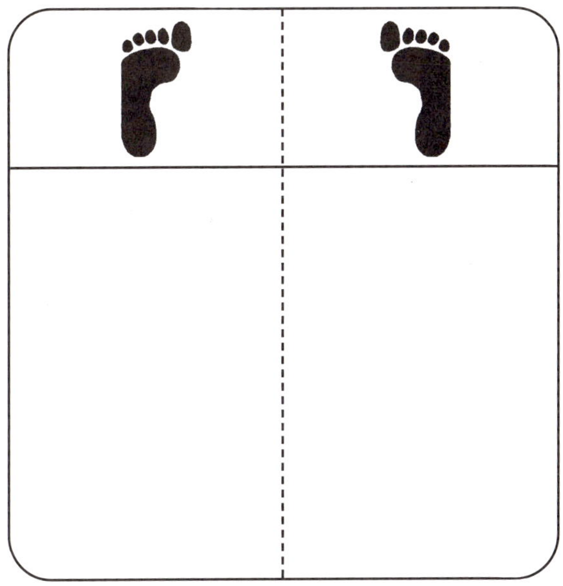

2

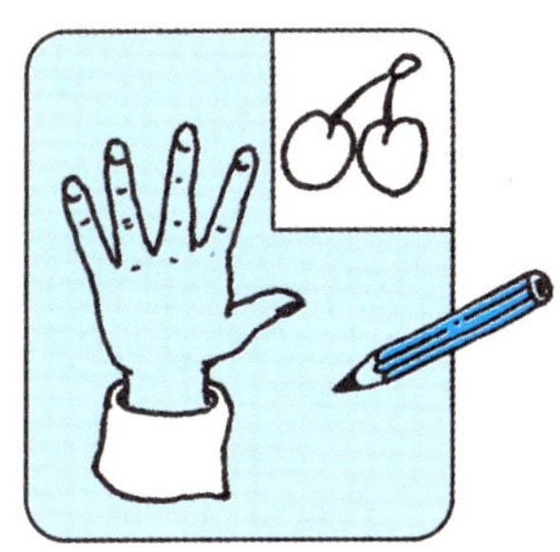

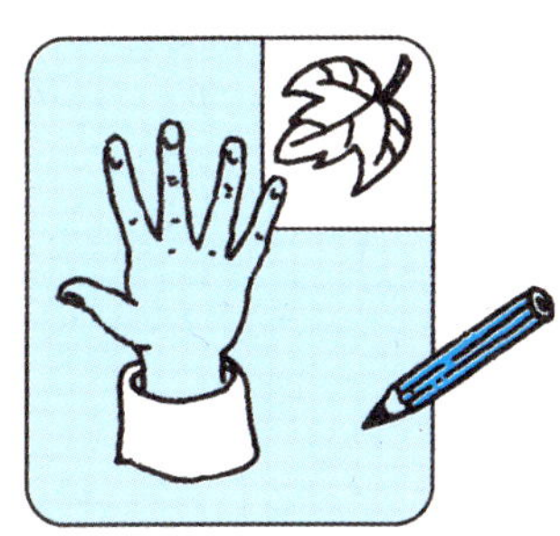

1 Schnippelbilder (KV) ausschneiden und sortieren nach linker Schuh/rechter Schuh. Bilder einkleben.
2 Die Bänder an den linken Armen rot, an den rechten Armen grün anmalen.

1

2

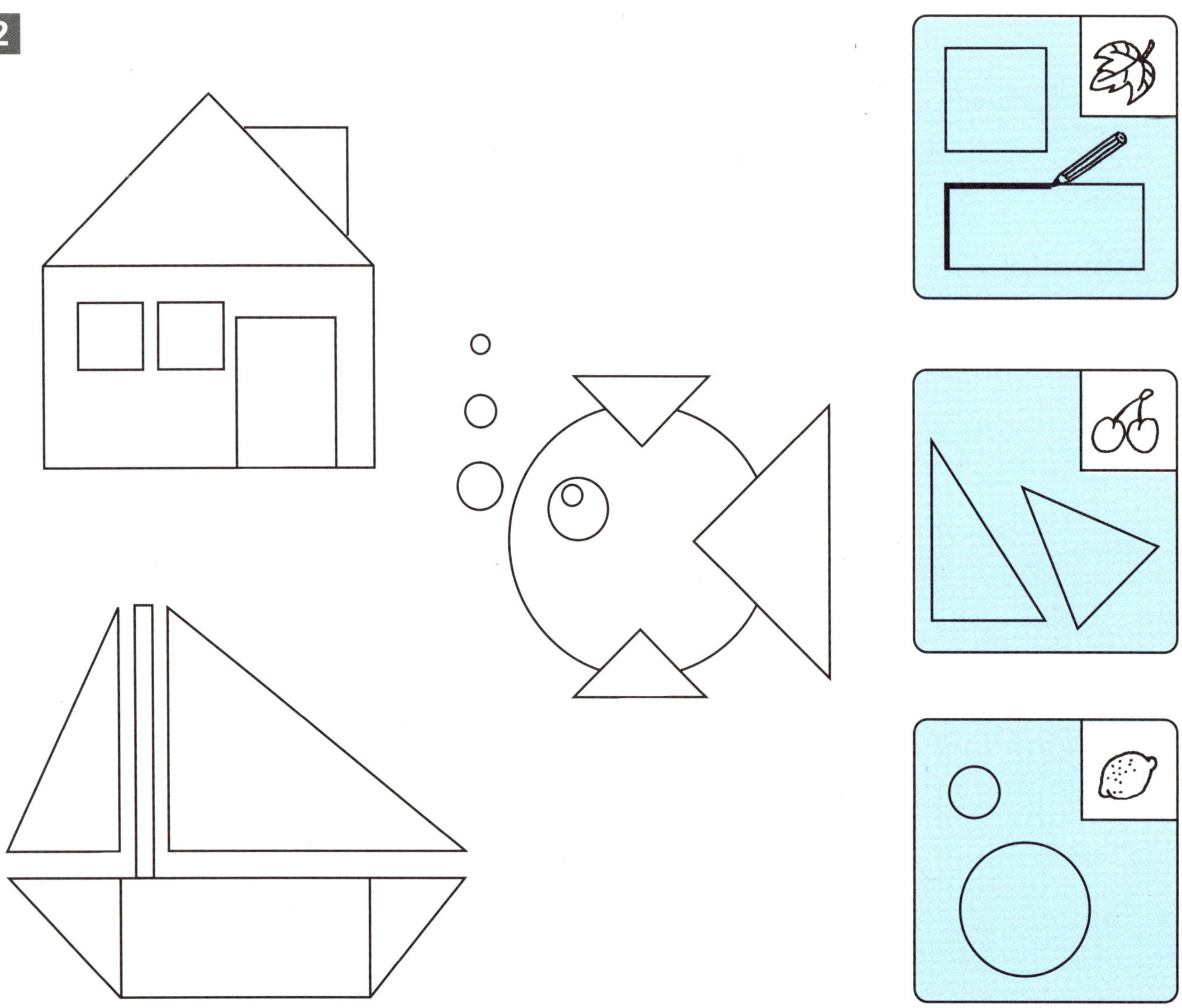

1 Vierecke, Dreiecke und Kreise aus farbigem Papier ausschneiden und damit ein Klebebild herstellen.
2 Vierecke, Dreiecke und Kreise mit verschiedenen Farben anmalen.

Die Zahl 7

1

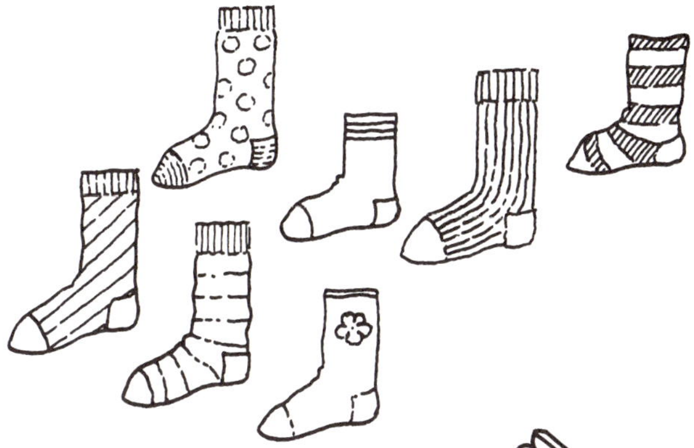

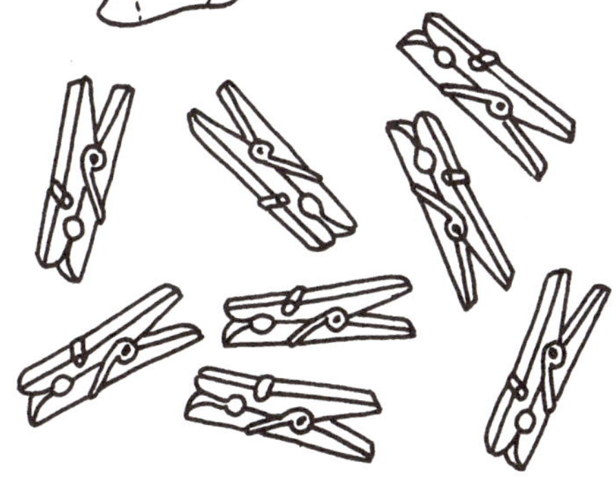

2

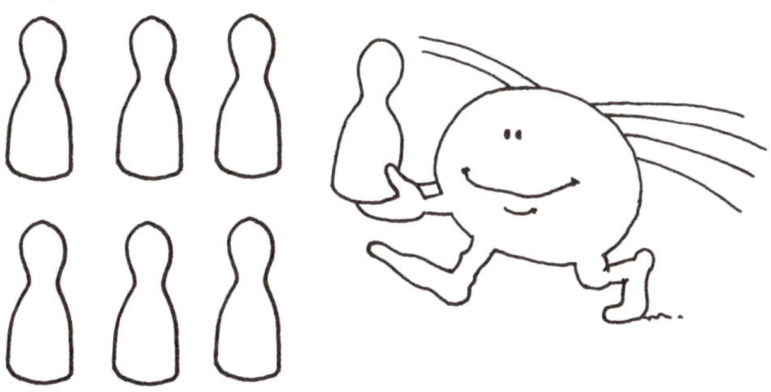

3

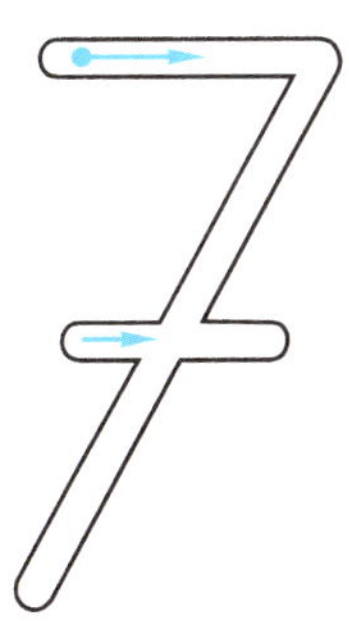

4

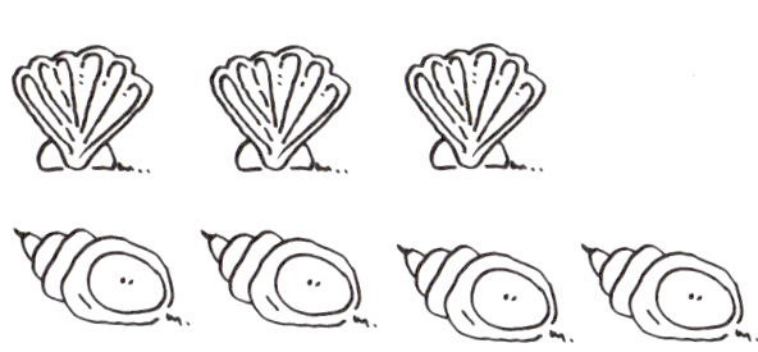
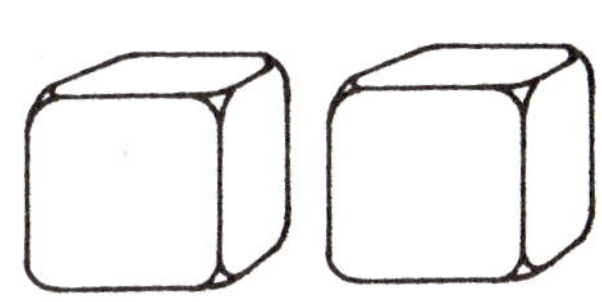

1 Einer auf die Schwämme legen, Anzahl bestimmen. Einer auf die Eimer umordnen und vergleichen. Neue Zahl 7 einführen. Anzahl der Socken bestimmen und mit Klammern »aufhängen«. Elemente dazu verbinden bzw. einkreisen und anmalen. **2** Sechs Einer auf die Spielfiguren setzen, Sechser-Stab legen und anmalen. Einen Einer dazulegen, passenden Stab legen und anmalen. **3** Ziffer nachfahren und schreiben. **4** Die Zahl 7 aus 3 und 4 zusammensetzen (mit Muscheln, Farbigen Stäben, Würfelbildern).

1

2

3

4

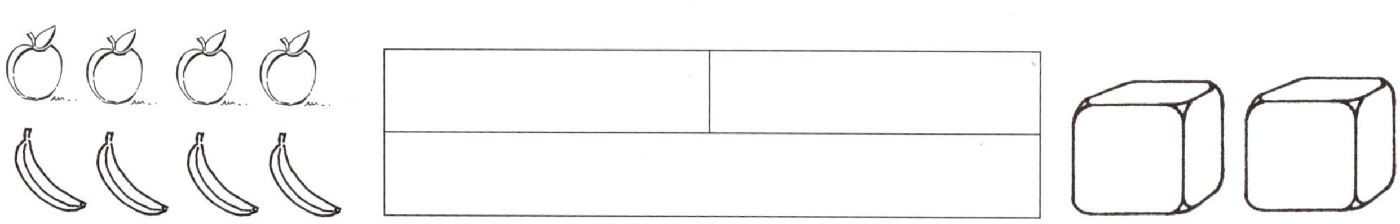

1 Einer auf die Löffel legen, Anzahl bestimmen. Einer auf die Kochtöpfe umordnen und vergleichen. Neue Zahl 8 einführen. Anzahl der Eier bestimmen und in den Eierbecher »setzen«. Elemente dazu verbinden bzw. einkreisen und anmalen. **2** Sieben Einer auf die Spielfiguren setzen, Siebener-Stab legen und anmalen. Einen Einer dazulegen, passenden Stab legen und anmalen. **3** Ziffer nachfahren und schreiben. **4** Die Zahl 8 aus 4 und 4 zusammensetzen (mit Früchten, Farbigen Stäben, Würfelbildern).

7 und 8 zerlegen

1

7

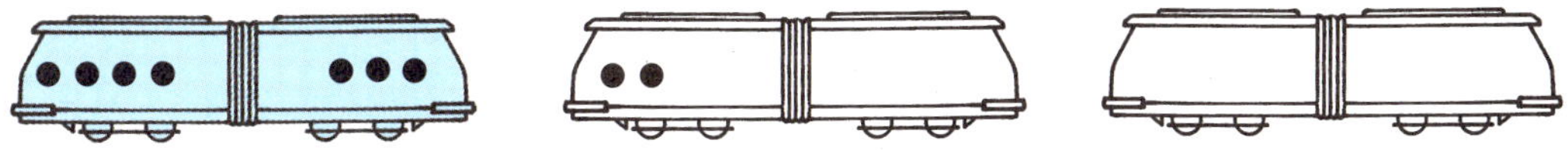

7 = 4 + 3 | 7 = + | 7 = 6 +

2

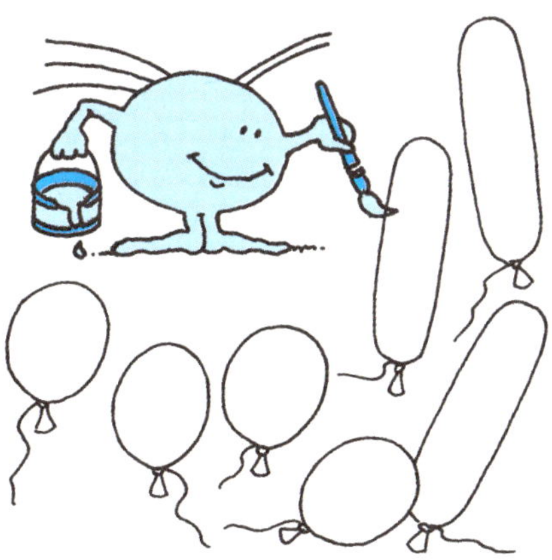

7
6+1
+
+
+
+
+

3

8

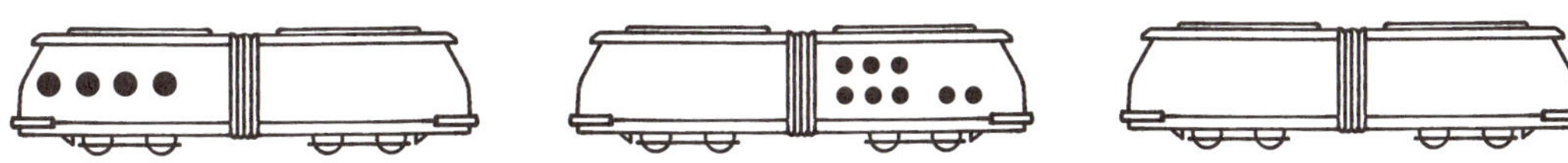

8 = 4 + | 8 = + | 8 = 6 +

4

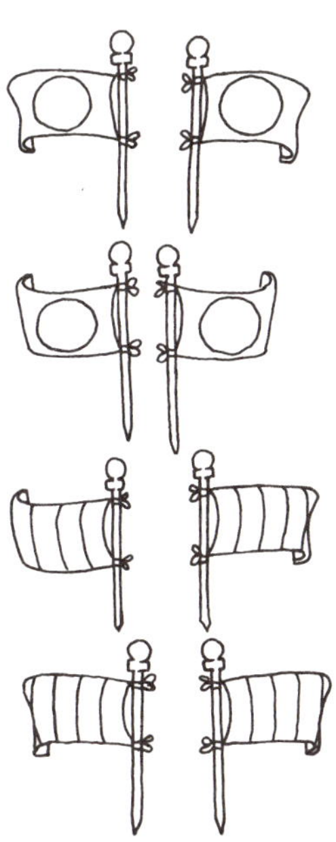

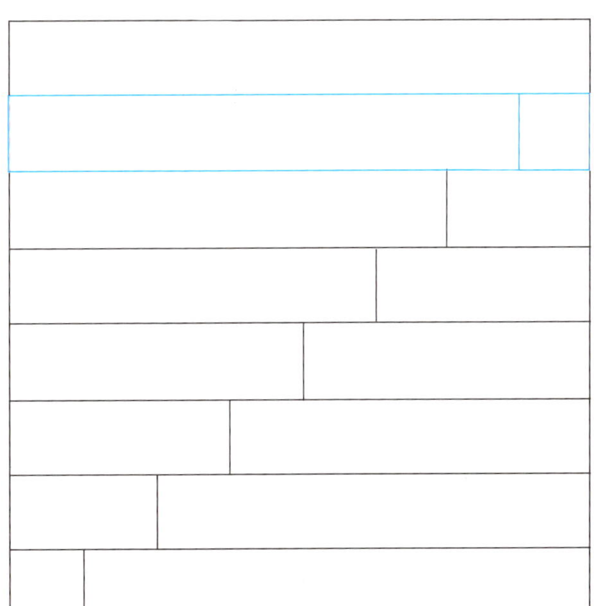

8
7+1
+
+
+
+
+
+

1, **3** Zerlegungen mit Einern im Eisenbahnwagen durchführen. Zerlegungen nennen, darstellen und schreiben.
2, **4** Den Siebener- bzw. Achter-Stab mit zwei Stäben legen. Zerlegungen nennen und schreiben. Stäbe anmalen.

1

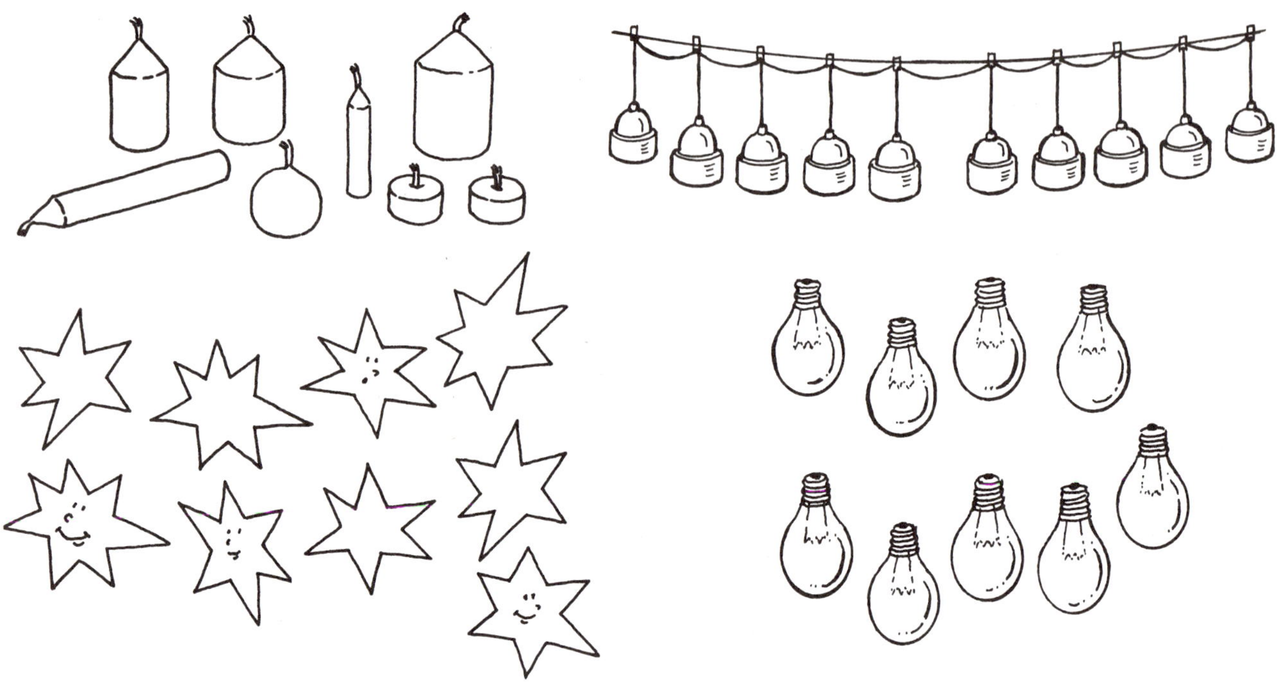

2

3

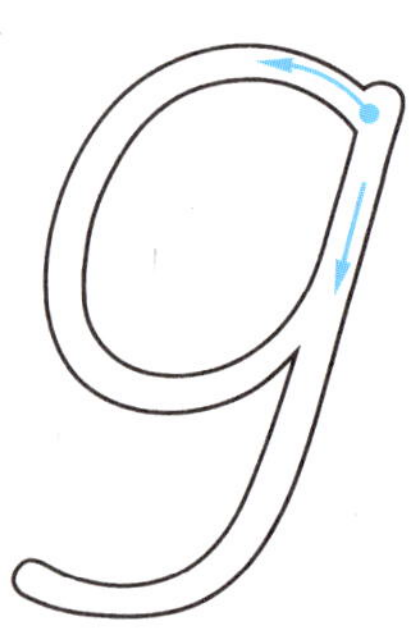

9 9

9 9

4

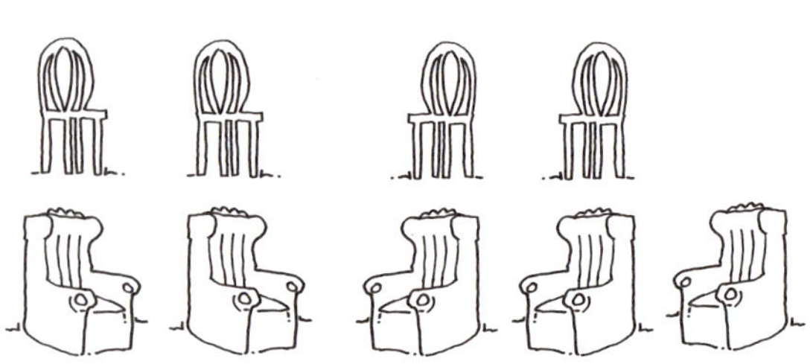

1 Einer auf die Kerzen legen, Anzahl bestimmen. Einer auf die Sternuntersetzer umordnen und vergleichen. Neue Zahl 9 einführen. Anzahl der Glühlampen bestimmen und in die Fassungen „eindrehen". Elemente dazu verbinden bzw. einkreisen und anmalen. **2** Acht Einer auf die Spielfiguren setzen, Achter-Stab legen und anmalen. Einen Einer dazulegen, passenden Stab legen und anmalen. **3** Ziffer nachfahren und schreiben. **4** Die Zahl 9 aus 4 und 5 zusammensetzen (mit Stühlen, Farbigen Stäben, Würfelbildern).

1

9

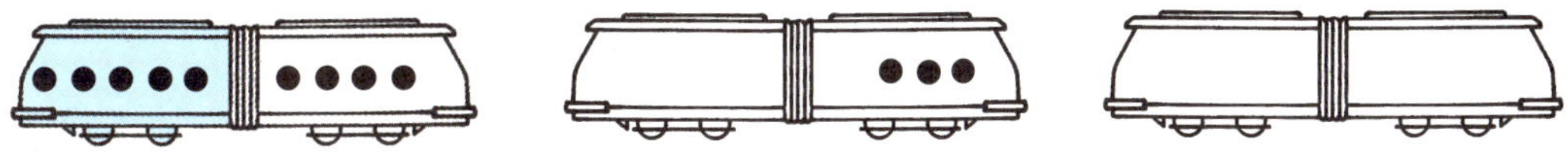

9 = 5 +	9 = +	9 = 8 +

2

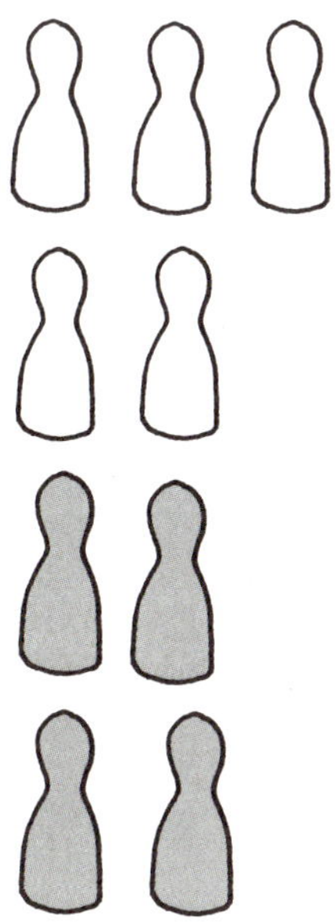

9
8+1
+
+
+
+
+
+
+

3
9 = 7 +
9 = 5 +
9 = 0 +

4
9 = + 6
9 = + 5
9 = + 9

5
9 = 8 +
9 = + 2
9 = 3 +

6
9 = 9 + ■
9 = 8 + ■
9 = 7 + ■
9 = 6 + ■
9 = 5 + ■

9 = 4 + ■
9 = 3 + ■
9 = 2 + ■
9 = 1 + ■
9 = 0 + ■

7
9 = ■ + 3
9 = ■ + 7
9 = ■ + 1
9 = ■ + 6
9 = ■ + 9

8
9 = 1 + ■
9 = ■ + 2
9 = 3 + ■
9 = ■ + 4
9 = 0 + ■

1 Zerlegungen mit Einern im Eisenbahnwagen durchführen. Zerlegungen nennen, darstellen und schreiben.
2 Den Neuner-Stab mit zwei Stäben legen. Zerlegungen nennen und schreiben. Stäbe anmalen.
3 bis **8** Zerlegungen schreiben.

Die Zahl 10

1

2

3

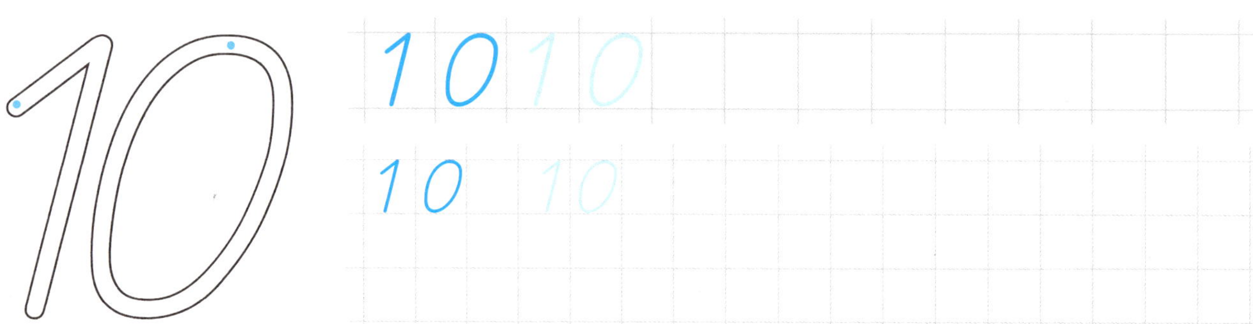

4

1 Einer auf die Becher legen, Anzahl bestimmen. Einer auf die Teller umordnen und vergleichen. Neue Zahl 10 einführen. Anzahl der Strohhalme bestimmen und in die Gläser „setzen". Elemente dazu verbinden bzw. einkreisen und anmalen. **2** Neun Einer auf die Spielfiguren setzen, Neuner-Stab legen und anmalen. Einen Einer dazulegen, passenden Stab legen und anmalen. **3** Ziffer nachfahren und schreiben. **4** Die Zahl 10 aus 5 und 5 zusammensetzen (mit Blättern, Farbigen Stäben, Würfelbildern).

1

10

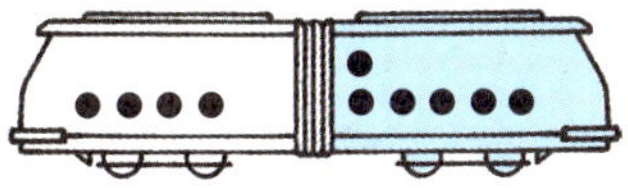

10 = + 6

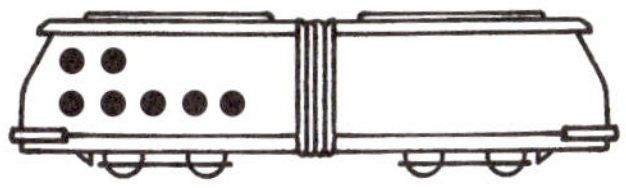

10 = +

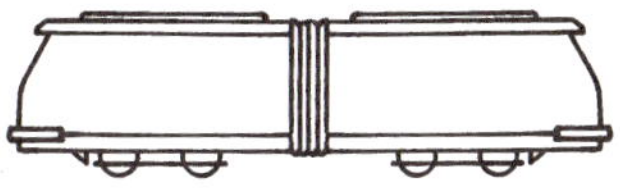

10 = 8 +

2

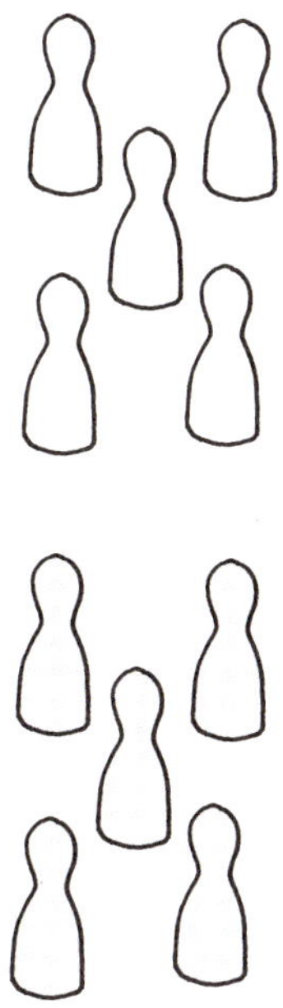

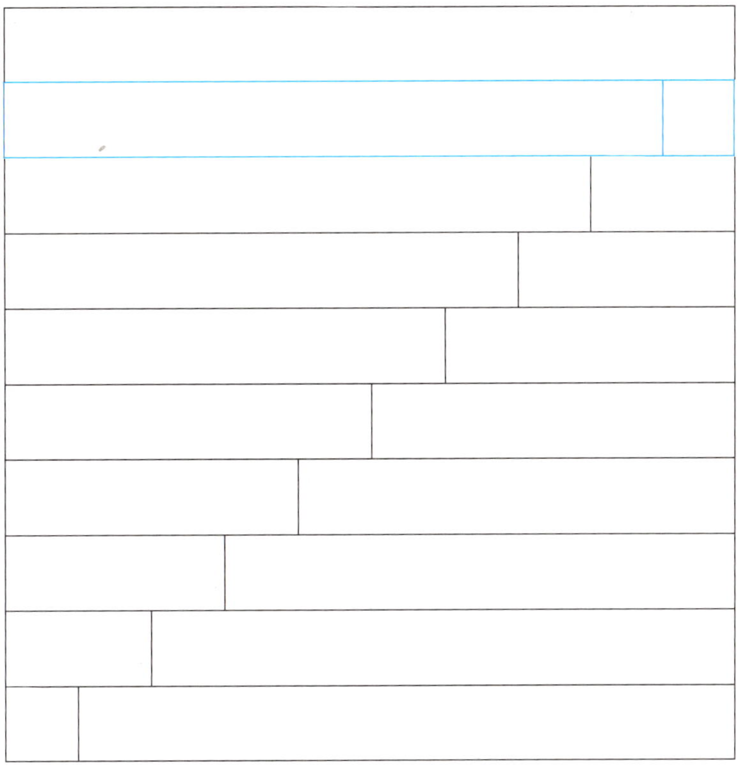

10
9+1
+
+
+
+
+
+
+
+

3

10 = 9 +
10 = 8 +
10 = 5 +
10 = 6 +

4

10 = + 2
10 = + 4
10 = + 7
10 = + 3

5

10 = 7 +
10 = + 6
10 = 0 +
10 = + 1

6

10 = 9 + ■
10 = 8 + ■
10 = 7 + ■
10 = 6 + ■
10 = 5 + ■

10 = 1 + ■
10 = 2 + ■
10 = 3 + ■
10 = 4 + ■
10 = 0 + ■

7

10 = ■ + 10
10 = ■ + 6
10 = ■ + 8
10 = ■ + 1
10 = ■ + 5

8

10 = 8 + ■
10 = ■ + 2
10 = ■ + 7
10 = 3 + ■
10 = 5 + ■

1 Zerlegungen mit Einern im Eisenbahnwagen durchführen. Zerlegungen nennen, darstellen und schreiben.
2 Den Zehner-Stab mit zwei Stäben legen. Zerlegungen nennen und schreiben. Stäbe anmalen.
3 bis **8** Zerlegungen schreiben.

1

5	6		8		

2

10 = +   8 = +   10 = 4 +

3

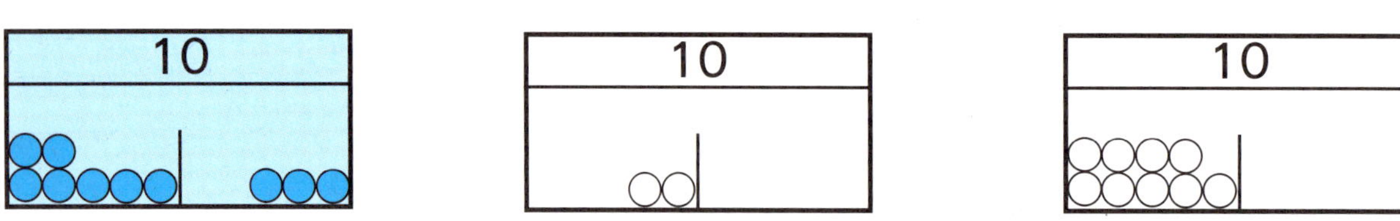

10 = 7 + 3   10 = +   10 = +

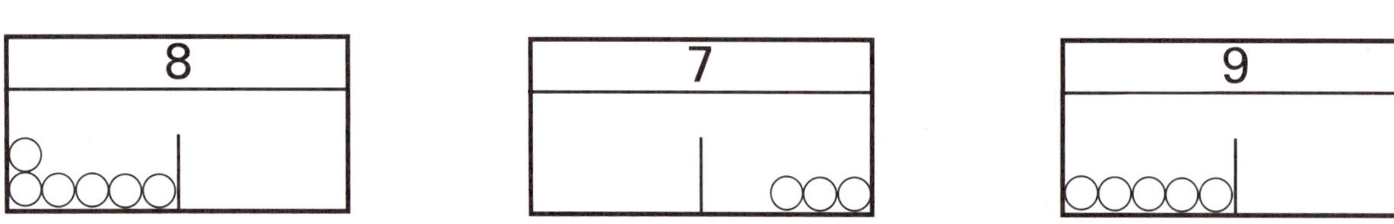

8 = +   = +   = +

1 Bildkarte mit zugehöriger Zahlenkarte verbinden. Fehlende Gegenstände in der Bildkarte einzeichnen und fehlende Zahlen eintragen. **2**, **3** Zerlegung ablesen und schreiben. Zerlegungen darstellen.

1

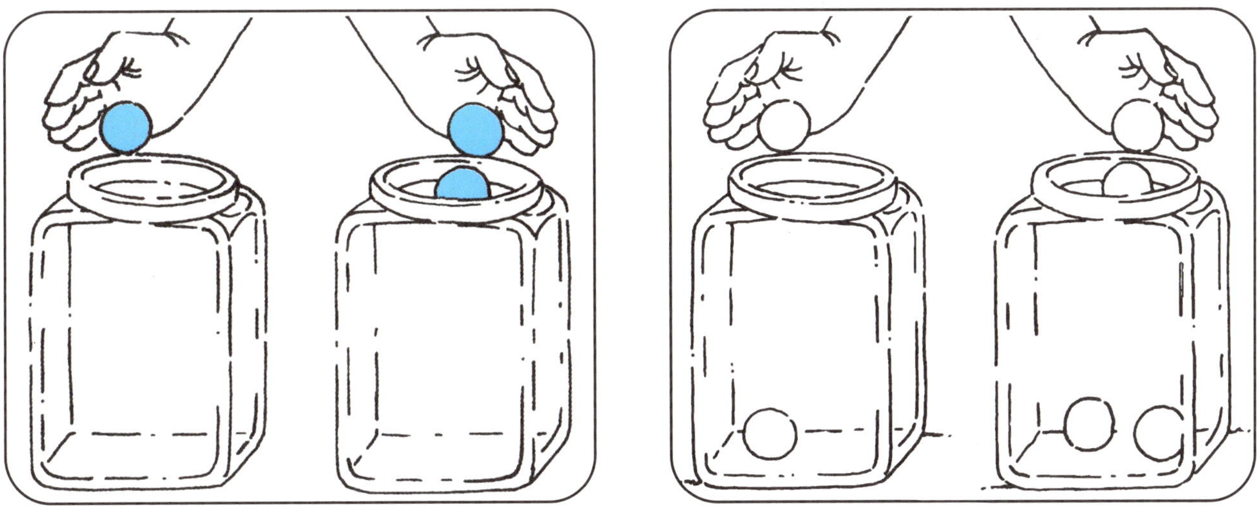

2

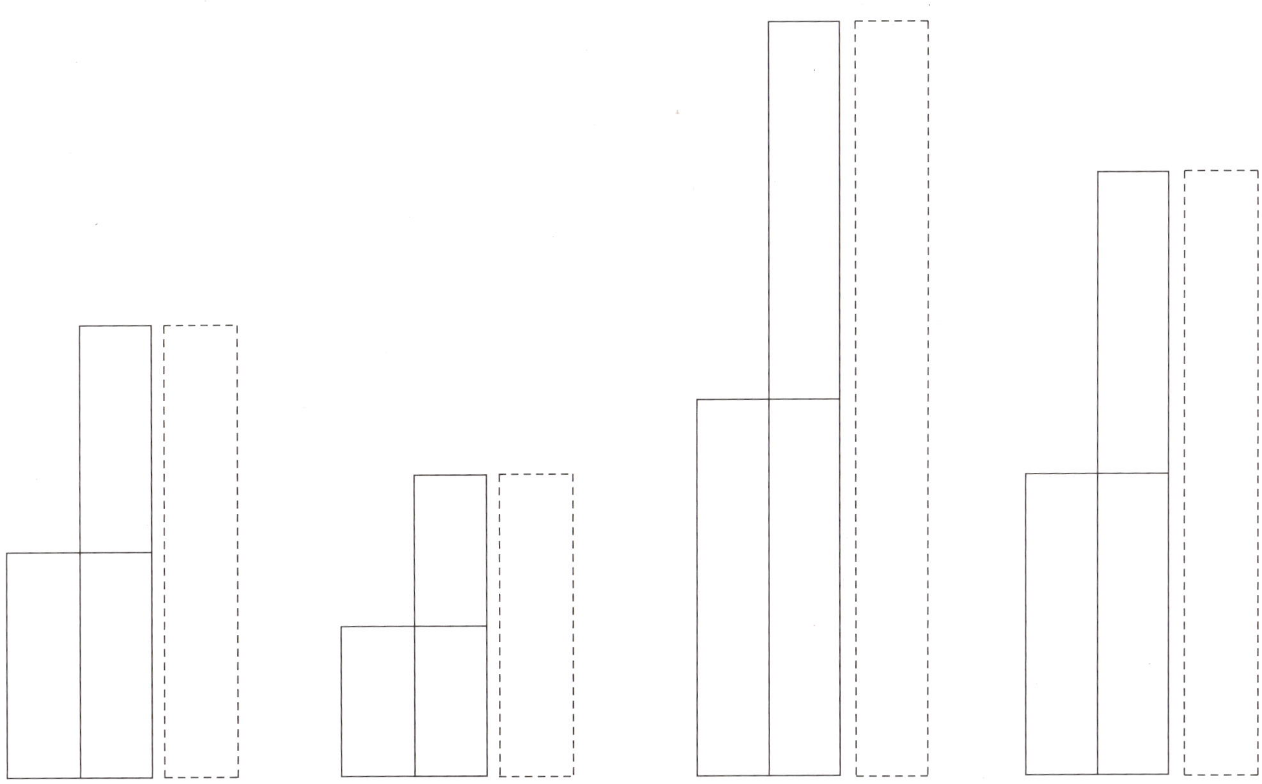

B Zu einem Turm aus Bausteinen einen doppelt so hohen Turm bauen.
1 Gläser mit Kugeln füllen: immer eine in das linke, immer zwei in das rechte Glas. Die Mengen jeweils zeichnen.
2 Zu einem Stab den doppelt so großen bestimmen, zeichnen und anmalen.

10 Die Hälfte

1

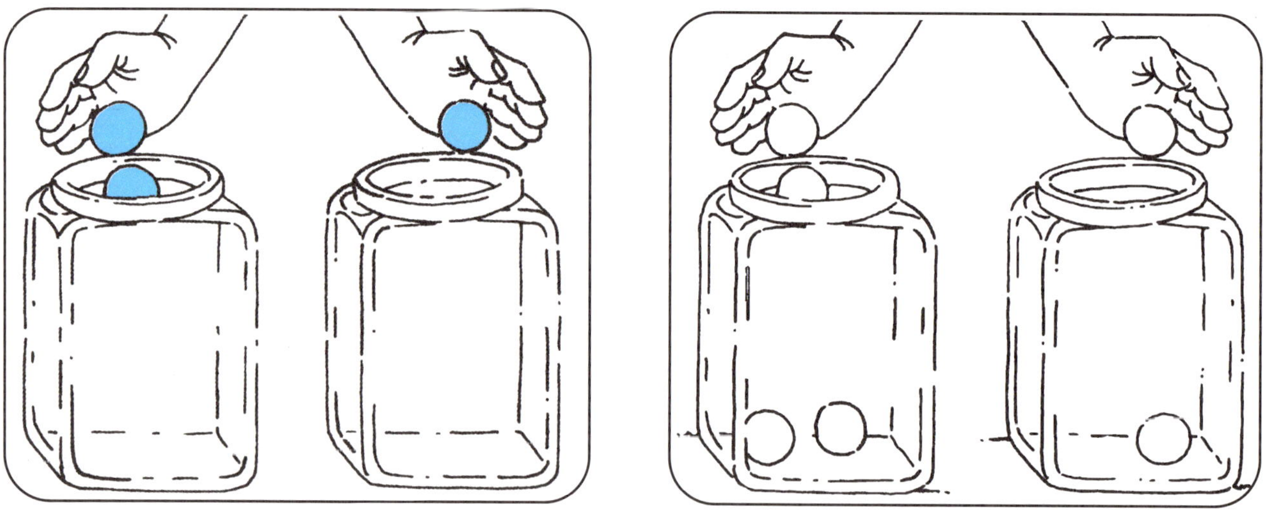

2

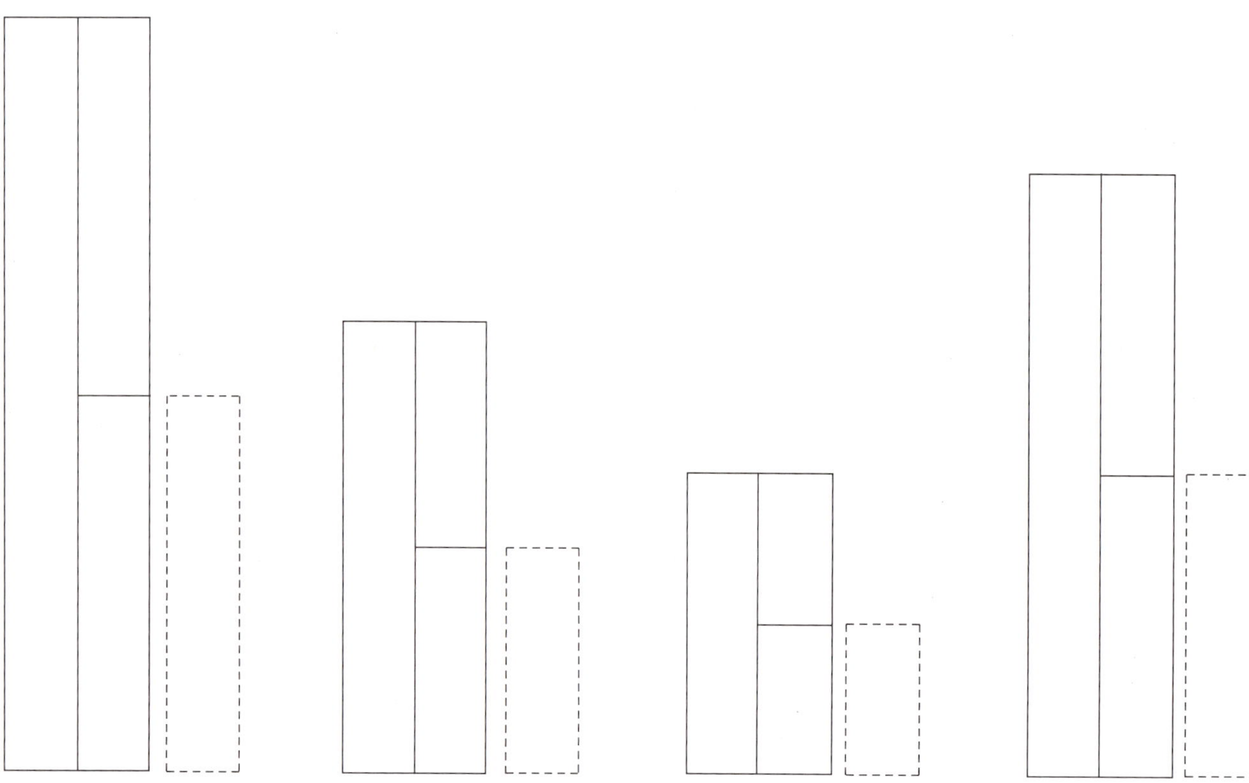

B Zu einem Turm aus Bausteinen einen halb so hohen Turm bauen.
1 Gläser mit Kugeln füllen: immer zwei in das linke, immer eine in das rechte Glas. Die Mengen jeweils zeichnen.
2 Zu einem Stab den halb so großen bestimmen, zeichnen und anmalen.

❶

10 = 5 + 5
8 = +
6 = +
4 = +
2 = +

❷

9 = 4 +
7 = +
5 = +
3 = +
1 = +

❸

6 = 3 + ■	2 = 1 + ■
7 = 3 + ■	3 = 1 + ■
8 = 4 + ■	4 = 2 + ■
9 = 4 + ■	5 = 2 + ■
10 = 5 + ■	0 = 0 + ■

◆4

1 = 0 + 1
6 = ■ + 1
3 = ■ + 1
7 = ■ + 1
5 = ■ + 1

◆5

10 = 5 + ■
10 = ■ + 1
8 = 4 + ■
8 = ■ + 1
0 = 0 + ■

❶ Grundzerlegung der geraden Zahlen mit Stäben legen, nennen, schreiben und auswendig lernen. Stäbe anmalen.
❷ Grundzerlegung der ungeraden Zahlen mit Stäben legen, nennen, schreiben und auswendig lernen. Stäbe anmalen. ❸, ◆4, ◆5 Zerlegungen schreiben.

1

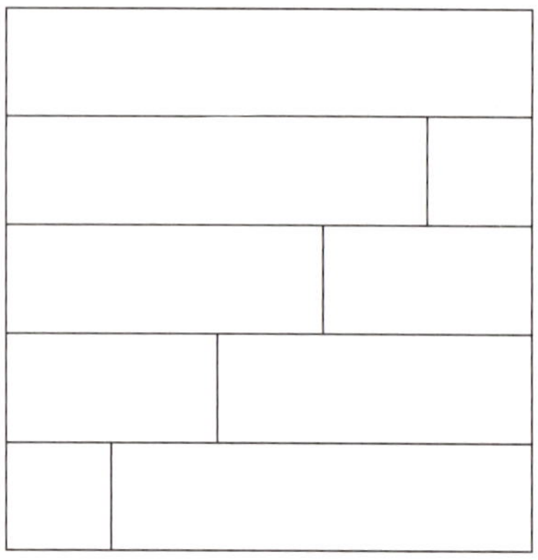

5
5+
4+
+2
+3
1+

5 = 5 +
5 = 4 +
5 = + 2
5 = + 3
5 = 1 +

2

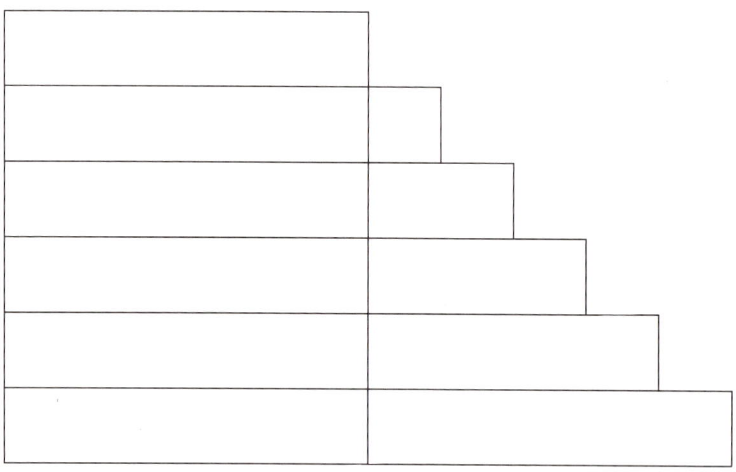

5 = 5 +
6 = 5 +
7 = 5 +
8 = 5 +
9 = 5 +
10 = 5 +

3

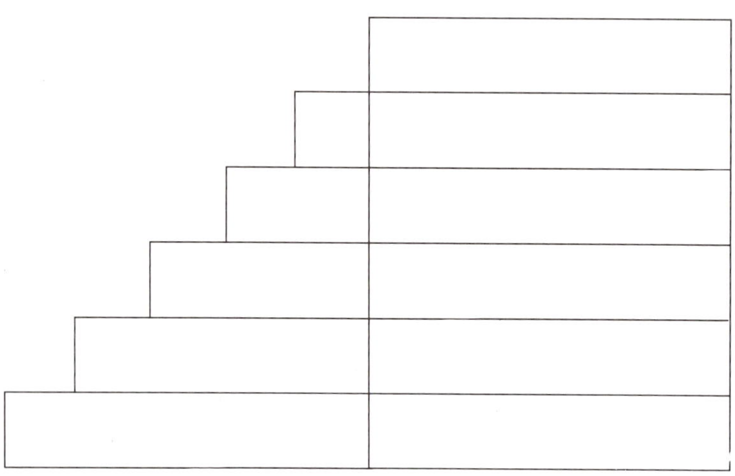

5 = + 5
6 = + 5
7 = + 5
8 = + 5
9 = + 5
10 = + 5

4

10 = 5 + □
9 = 5 + □
8 = 5 + □

5 = 5 + □
6 = 5 + □
7 = 5 + □

5

10 = □ + 5
9 = □ + 5
8 = □ + 5

7 = □ + 5
6 = □ + 5
5 = □ + 5

1 bis 3 Zerlegungen nennen, schreiben und auswendig lernen. Stäbe anmalen.
4, 5 Zerlegungen legen und schreiben.

1

0	1									

2

5	6	6	
7		9	
0		5	
3		4	
1		2	
8		9	

3

				6

4

6	7		4		10
	2		3		1
	5		6		9
	1		8		7

5

	6			3			2			5	
	9			7			8			1	

1 Treppe mit Farbigen Stäben legen, Nachfolger angeben und schreiben. **2** Nachfolger schreiben.
3 Mit Farbigen Stäben legen, Vorgänger angeben und schreiben. **4** Vorgänger schreiben. **5** Vorgänger und Nachfolger angeben und schreiben.

1

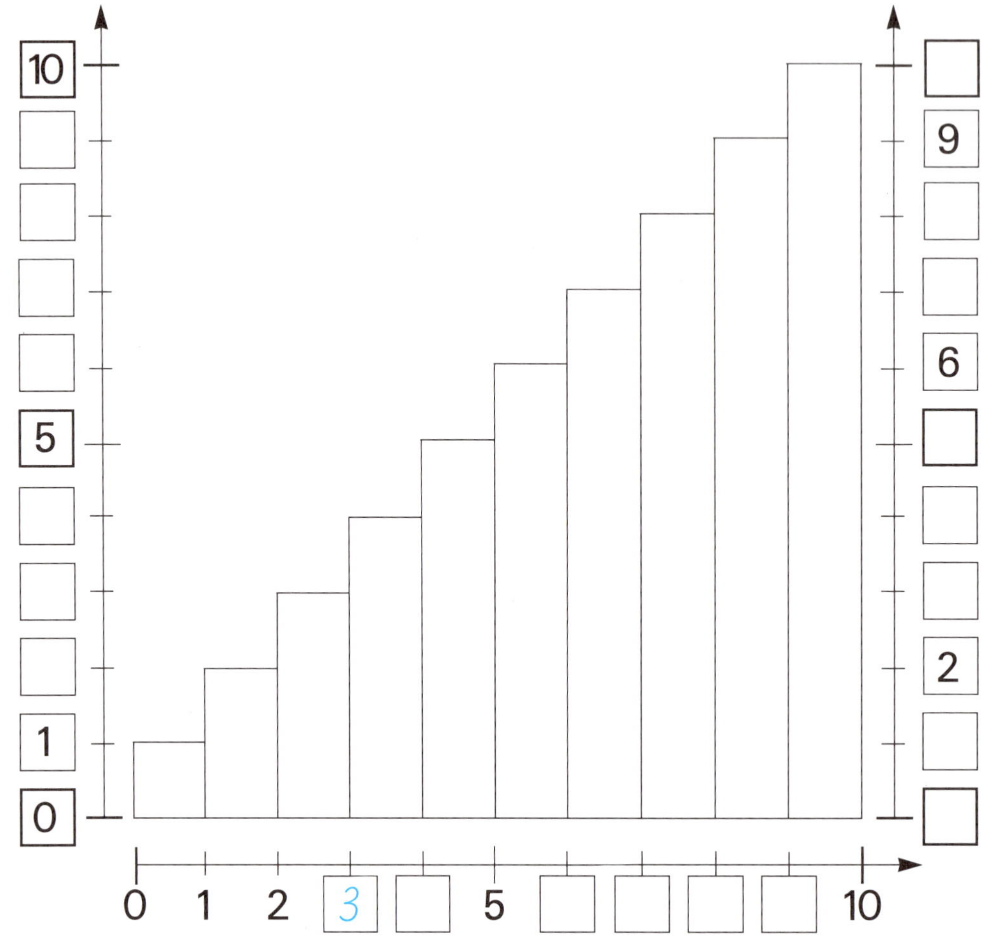

2

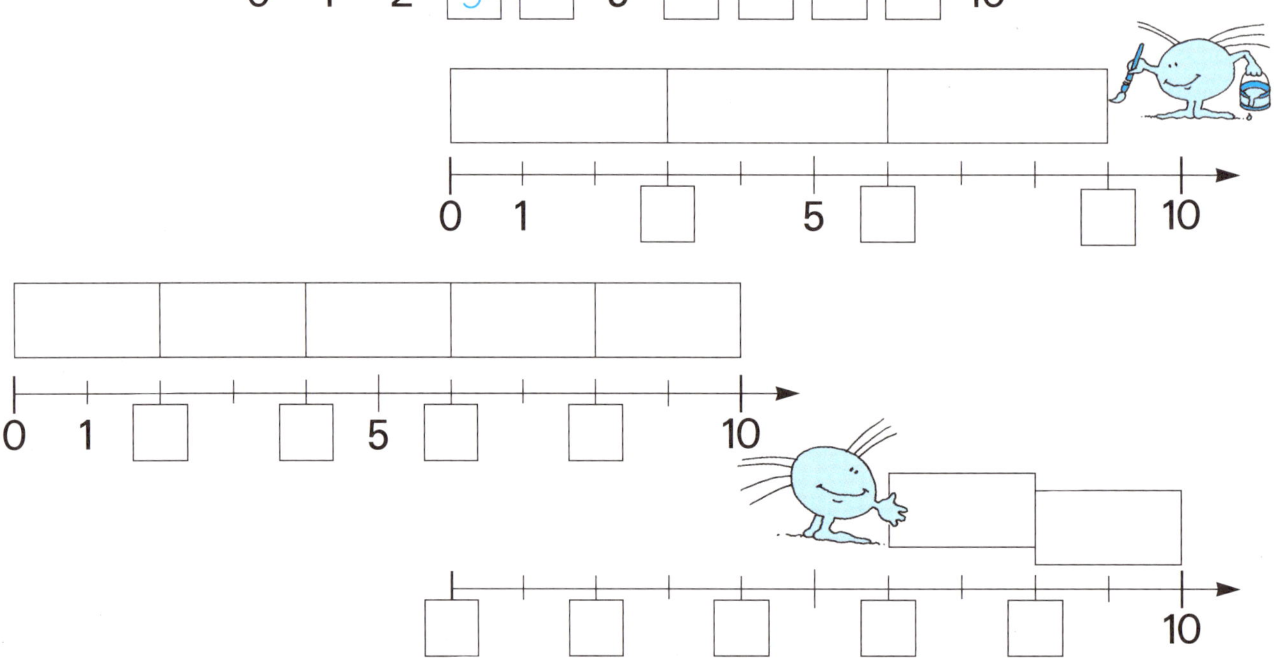

3

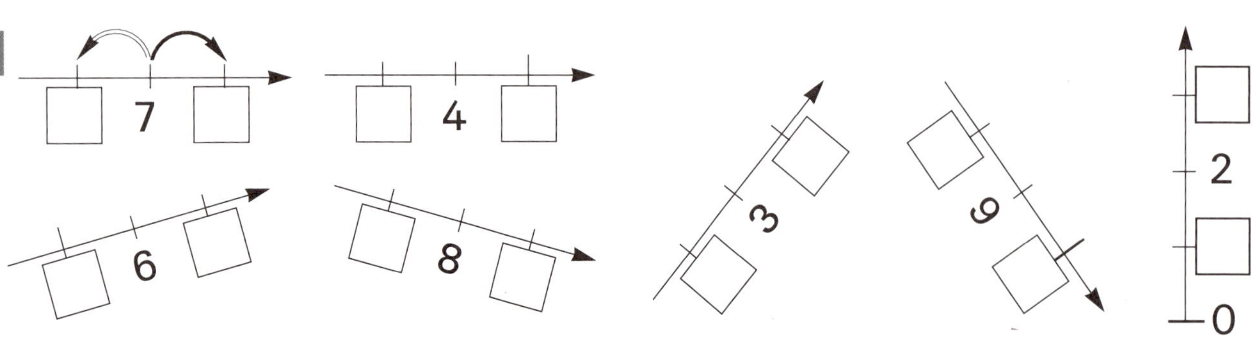

1 Treppe mit Farbigen Stäben legen. Zahlen auf dem Zahlenstrahl nennen und schreiben.
2 Zahlenfolge mit Farbigen Stäben legen. Zahlen auf dem Zahlenstrahl schreiben.
3 Zahlen auf den Zahlenstrahlausschnitten nennen und schreiben.

1

2

3

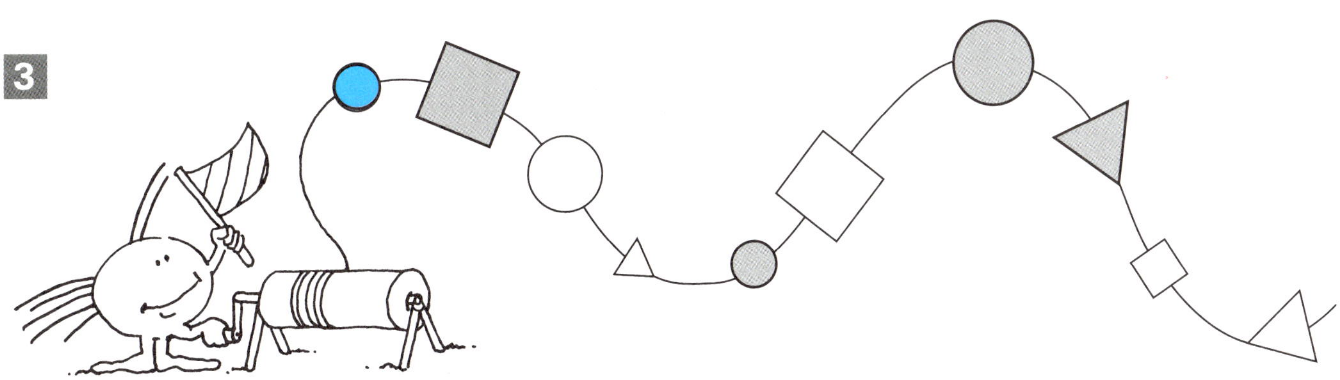

●		□		□	●			△	▲
1.	5.		2.			3.	10.		

1, **2** Radrennfahrern bzw. Skilangläufern Ordnungszahlen (erster, zweiter...) zuordnen, nennen und schreiben.
3 Gegenstände und Ordnungszahlen zuordnen, nennen. Gegenstände zeichnen. Ordnungszahlen schreiben.

1

2

3

4

1 bis 4 Bilder aus KV ausschneiden, sortieren, aufkleben; Situation nachspielen, erzählen (Anmerkung: Filmstreifen bedeutet immer: Anfangszustand - Veränderung - Endzustand).

Addieren: plus

2 + 4 =

1

2 + =

\+ =

2

3 + 4 =

5 + =

3

3 + 2 =

5 + 1 =

4

4 + 2 =

1 + 6 =

B Situation nachspielen, erzählen; mit Einern/Stäben legen. **1**, **2** Nachlegen; Zahlensatz nennen, schreiben.
3, **4** Aufgabe zum Zahlensatz legen, Ergebnis schreiben; Stäbe anmalen.

7 + 1 =

1

4 + 1 =

2

5 + 1 =

3

1 + 1 =	4 + 1 =	9 + 1 =
2 + 1 =	5 + 1 =	8 + 1 =
3 + 1 =	6 + 1 =	7 + 1 =

4

5 + 0 =

5 + 1 =

5 + 2 =

5

7 + 0 =	4 + 1 =	6 + 3 =
7 + 1 =	4 + 2 =	6 + 2 =
7 + 2 =	4 + 3 =	6 + 1 =

6

9 + 1 = ■	5 + 1 = ■
8 + 1 = ■	4 + 1 = ■
7 + 1 = ■	3 + 1 = ■
6 + 1 = ■	2 + 1 = ■

7

2 + 1 = ■	3 + 1 = ■
2 + 2 = ■	3 + 2 = ■
2 + 3 = ■	3 + 3 = ■
2 + 4 = ■	3 + 4 = ■

B, 1, 2, 4 Legen; Zahlensatz nennen, schreiben. 3, 5 Plus-Aufgaben mit Stäben legen; Ergebnis schreiben.
6, 7 Legen; Zahlensatz nennen, schreiben.

Verdoppeln

4 + 4 =

1

3 + =

2

+ =

3

+ =

4

5 + 5 =
4 + 4 =
3 + 3 =

2 + 2 =
1 + 1 =
0 + 0 =

5

 4 + 4 =

 + =

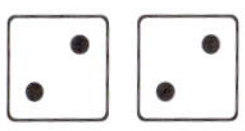 + =

6

4 + 4 = ■
0 + 0 = ■
5 + 5 = ■

3 + 3 = ■
1 + 1 = ■
2 + 2 = ■

7

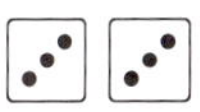 3 + ■ = ■

 4 + ■ = ■

 5 + ■ = ■

B Situation nachspielen, erzählen; mit Stäben legen. 1 bis 3 Legen; Zahlensatz schreiben; Stäbe anmalen.
4 Legen; Zahlensatz berechnen, Ergebnis eintragen. 5 Würfelbild legen; Zahlensatz schreiben.
6, 7 Gegebenenfalls legen; Zahlensatz schreiben.

Plus-Aufgaben (2)

1

4 + 4 =
4 + 5 =

2

1 + 1 =
1 + 2 =

2 + 2 =
2 + 3 =

3 + 3 =
3 + 4 =

3

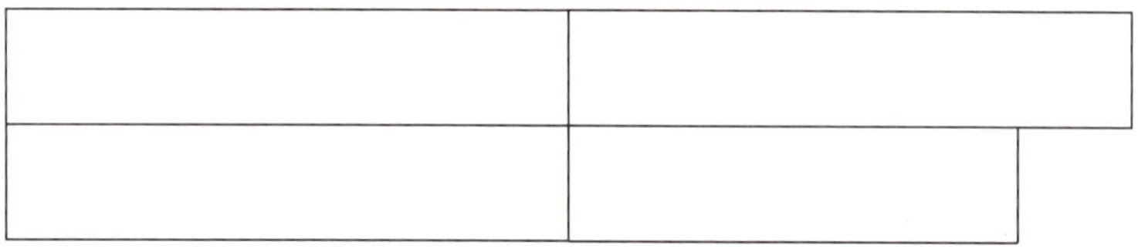

5 + 5 =
5 + 4 =

4

4 + 4 =
4 + 3 =

2 + 2 =
2 + 1 =

3 + 3 =
3 + 2 =

5

5 + 5 =
5 + 4 =
5 + 3 =

5 + 2 =
5 + 1 =
5 + 0 =

5 + 5 =
4 + 5 =
3 + 5 =

6

1 + 1 = ■
1 + 2 = ■
2 + 2 = ■
2 + 3 = ■

3 + 3 = ■
3 + 4 = ■
4 + 4 = ■
4 + 5 = ■

7

2 + 2 = ■
2 + 1 = ■
3 + 3 = ■
3 + 2 = ■

4 + 4 = ■
4 + 3 = ■
5 + 5 = ■
5 + 4 = ■

1, 3 Legen, Zahlensatz schreiben. Stäbe anmalen. 2, 4 und 5 Legen; Zahlensatz nennen, schreiben.
6, 7 Gegebenenfalls legen; Zahlensatz schreiben.

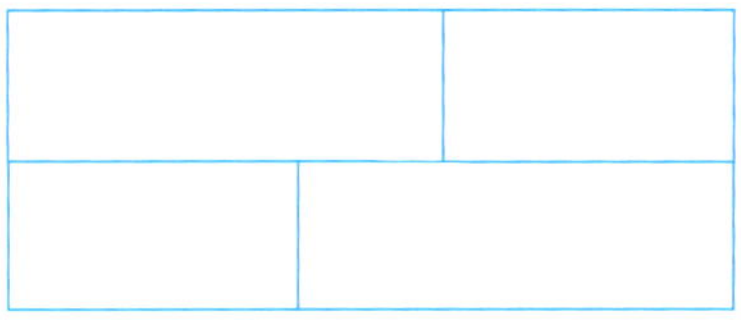

3 + 2 = 2 + 3

1

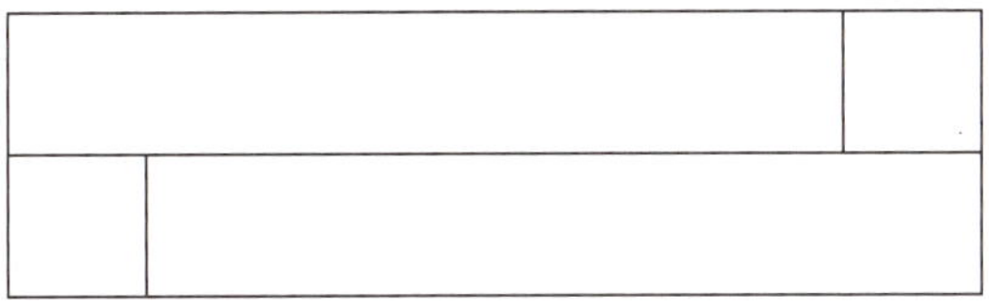

6 + = +

2

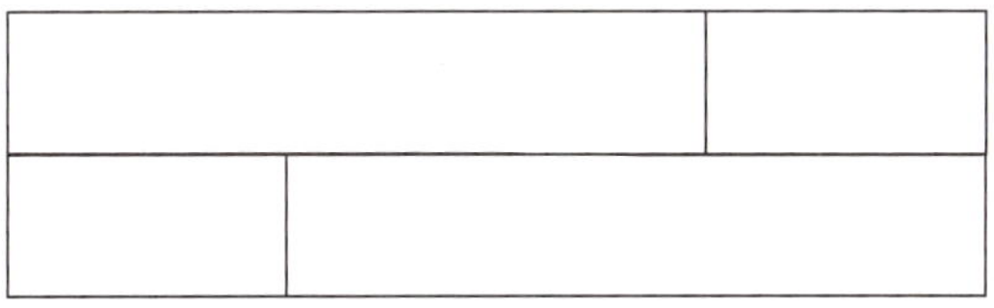

+ = +

3

2 + 8 =

8 + 2 =

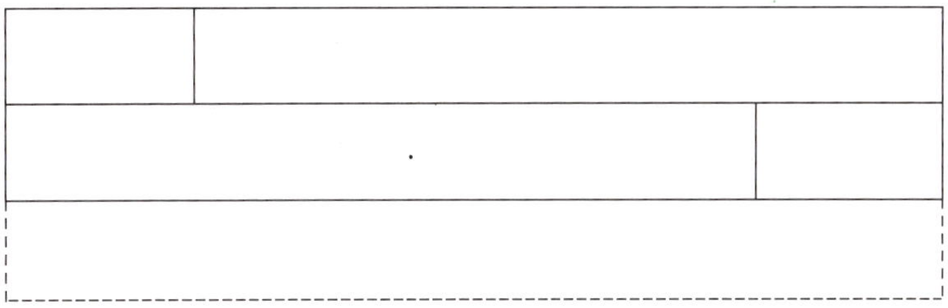

4

1 + 7 = 8	1 + 8 =
7 + 1 =	8 + =
2 + 6 =	2 + 7 =
6 + =	7 + =
1 + 6 =	2 + 5 =
6 + =	5 + =

5

3 + 4 =	3 + 6 =
4 + =	6 + =
9 + 0 =	3 + 5 =
0 + =	5 + =
5 + 4 =	0 + 6 =
4 + =	6 + =

B Situation nachspielen, erzählen. **1**, **2** Legen; Zahlensatz nennen, schreiben.
3 bis **5** Aufgabe mit Stäben legen; Zahlensatz nennen, schreiben.

5 − 3 = 2

1

7 − 2 =

7 − =

− =

2

6 − 4 =

5

3

6 − 5 =

6 − 3 =

4

7 − 1 =

7 − 6 =

B Situation nachspielen; mit Einern legen. **1**, **2** Legen; Zahlensatz nennen, schreiben.
3, **4** Aufgabe legen; Zahlensatz schreiben; Einer färben.

8 − 2 = 6

1

7 − =

− =

2

10 − 1 =	7 − 1 =	4 − 1 =
9 − 1 =	6 − 1 =	3 − 1 =
8 − 1 =	5 − 1 =	2 − 1 =

3

5 − 1 =

5 − 2 =

4

10 − 2 =	7 − 2 =	4 − 2 =
9 − 2 =	6 − 2 =	3 − 2 =
8 − 2 =	5 − 2 =	2 − 2 =

5

1 − 1 = ■	5 − 1 = ■
2 − 1 = ■	6 − 1 = ■
3 − 1 = ■	7 − 1 = ■
4 − 1 = ■	8 − 1 = ■

6

2 − 2 = ■	6 − 2 = ■
3 − 2 = ■	7 − 2 = ■
4 − 2 = ■	8 − 2 = ■
5 − 2 = ■	9 − 2 = ■

1, 3 Legen; wegnehmen/streichen; Zahlensatz nennen, schreiben. 2, 4 Gegebenenfalls legen; Zahlensatz nennen, schreiben. 5, 6 Gegebenenfalls legen; Zahlensatz nennen, berechnen; Ergebnis eintragen.

Minus-Aufgaben (2)

1

10 − 5 =

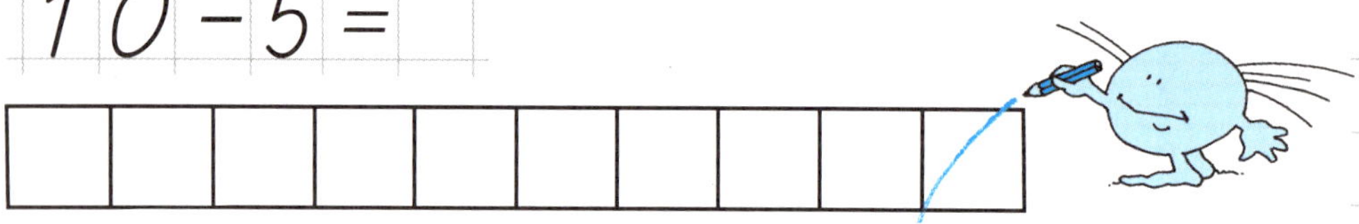

10 − 6 =

6 − 3 =

6 − 4 =

8 − 4 =

8 − 5 =

2

8 − 4 =

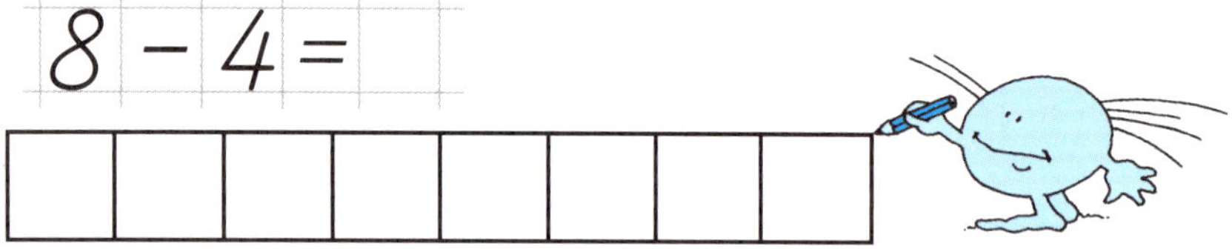

8 − 3 =

6 − 3 =

6 − 2 =

10 − 5 =

10 − 4 =

3

−	2	3	4
5	3		
6			

5 − 2 = 3 | 6 − 2 =

5 − 3 = | 6 − 3 =

5 − 4 = | 6 − 4 =

4

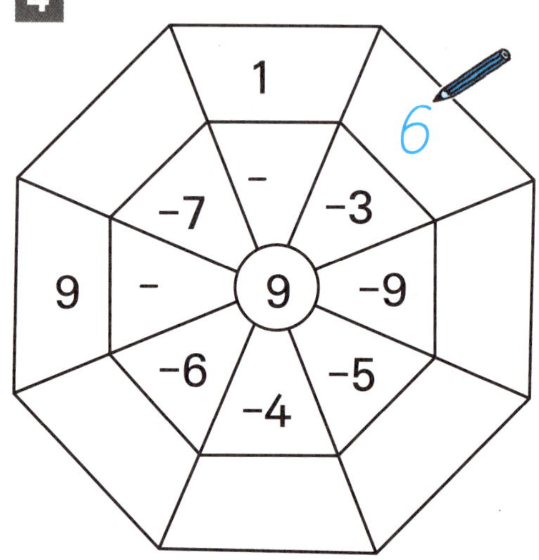

5

4 − 2 = ■

4 − 3 = ■

6 − 3 = ■

6 − 4 = ■

6

8 − 4 = ■

8 − 5 = ■

10 − 5 = ■

10 − 6 = ■

7

8 − 4 = ■

8 − 3 = ■

4 − 2 = ■

4 − 1 = ■

8

10 − 5 = ■

10 − 4 = ■

6 − 3 = ■

6 − 2 = ■

1, 2 Legen; wegnehmen/streichen; Zahlensatz nennen, schreiben. 3, 4, 7, 8 Gegebenenfalls legen; Zahlensatz nennen, schreiben. 5, 6 Gegebenenfalls legen; Zahlensatz nennen, berechnen; Ergebnis eintragen.

Besondere Minus-Aufgaben

1

6 − ___ = ___   6 − ___ = ___

2

7 − 2 =

7 − 5 =

3

10 − 1 =	8 − 1 =	9 − 1 =
10 − 9 =	8 − 7 =	9 − 8 =
7 − 3 =	6 − 2 =	8 − 3 =
7 − 4 =	6 − ___ =	8 − ___ =

4

6 − 5 =

10 − 5 =	7 − 5 =
9 − 5 =	6 − 5 =
8 − 5 =	5 − 5 =

5

6 − 1 = ■	3 − 1 = ■
6 − 5 = ■	3 − ■ = ■
5 − 1 = ■	4 − 1 = ■
5 − 4 = ■	4 − ■ = ■

6

5 − 5 = ■	10 − 5 = ■
6 − 5 = ■	9 − 5 = ■
7 − 5 = ■	8 − 5 = ■
8 − 5 = ■	7 − 5 = ■

1, 2 Legen; Zahlensatz nennen, schreiben. 3, 4 Gegebenenfalls legen; berechnen; Ergebnis schreiben.
5, 6 Gegebenenfalls mit Einern legen; Zahlensatz schreiben.

Kunterbunt: plus

1

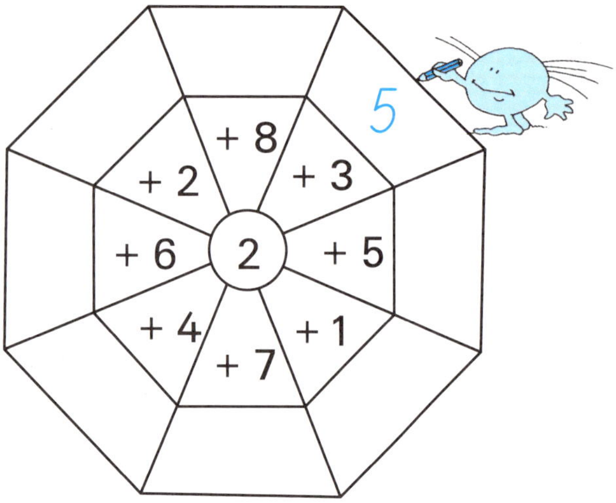

2

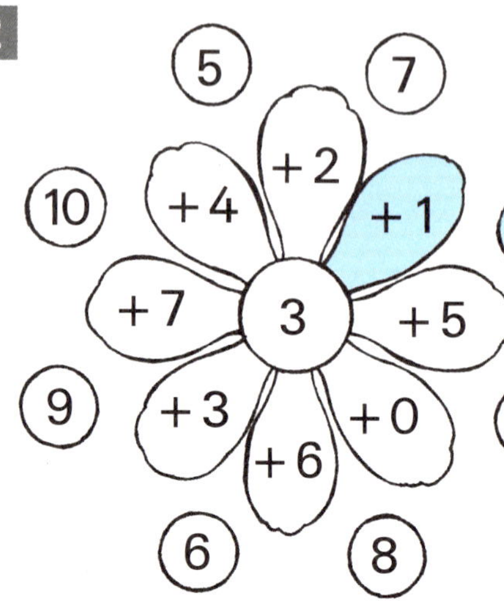

3

+	5	6	7
1	6		
2			

+	1	2	3	4
5				
6				

4

3 + 4	4	4 + 3
3 + 3	5	2 + 4
3 + 2	6	1 + 4
3 + 1	7	0 + 4

5

5 + 2	10	4 + 4
5 + 3	9	4 + 3
5 + 5	8	4 + 5
5 + 4	7	4 + 6

6

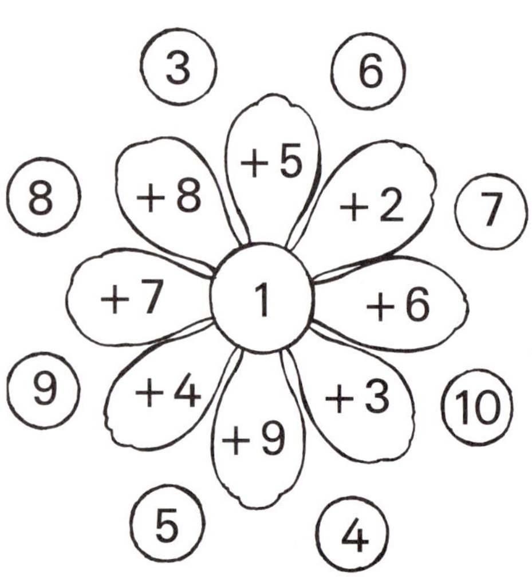

7

8
7 +
+ 4
5 +
+ 2
1 +

10
9 +
5 +
+ 5
+ 7
+ 0

1, **3**, **7** Zahlensatz nennen; gegebenenfalls mit Stäben/Einern legen; berechnen; Ergebnis eintragen.
2, **4**, **5**, **6** Zahlensatz nennen, gegebenenfalls mit Stäben/Einern legen; berechnen, Aufgabe und Ergebnis gleich färben.

1

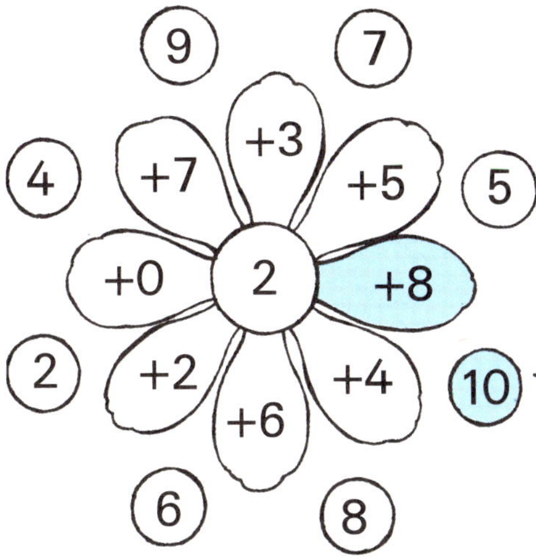

2

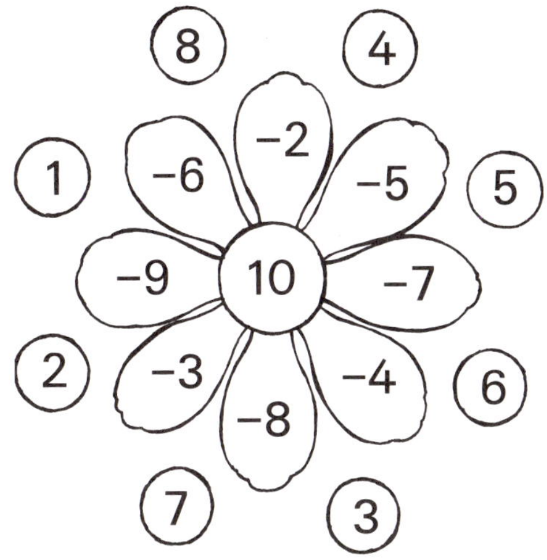

3

+	3	5	4
3	6		
5			

4

−	3	7	5
7	4		
10			

5

2 + 5	5	9 − 3
1 + 4	6	10 − 5
4 + 4	7	10 − 2
3 + 3	8	9 − 2

6

2 + 3	6	10 − 6
10 − 4	5	2 + 4
3 + 4	4	9 − 2
9 − 5	7	0 + 5

7

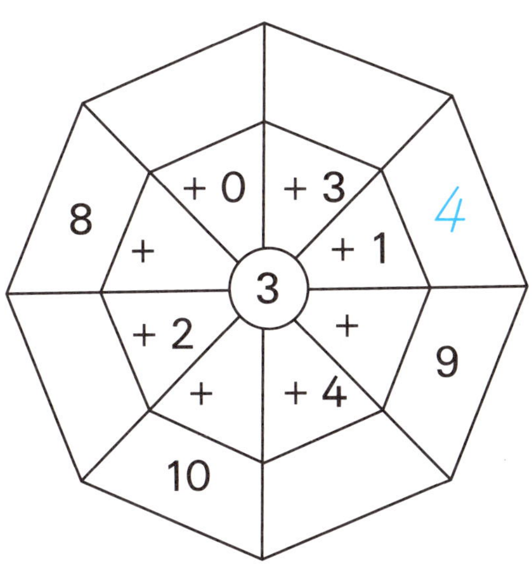

8

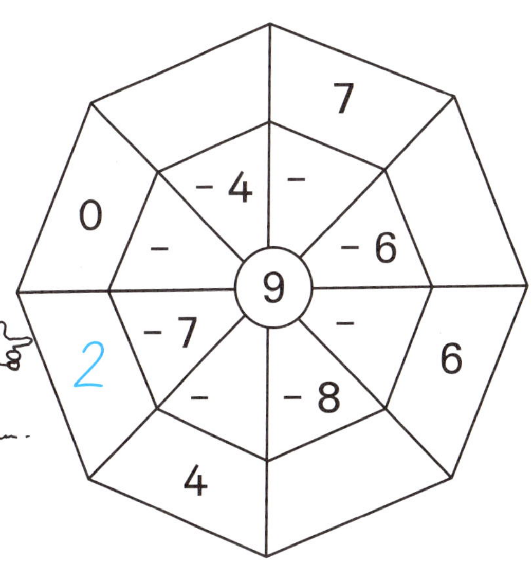

1, **2**, **5**, **6** Zahlensatz nennen; gegebenenfalls mit Stäben/Einern legen; berechnen; Aufgabe und Ergebnis gleich färben.
3, **4**, **7**, **8** Zahlensatz nennen; gegebenenfalls mit Stäben/Einern legen; berechnen; Ergebnis eintragen.

3 + 2 =

5 − 2 =

1

3 + 2 =

5 − 2 =

2

4 + =

6 − =

3

7 + 2 =
9 − 2 =

5 + 2 =
7 − 2 =

6 + 3 =
− 3 =

5 + 4 =
− 4 =

4

5 + 3 = ■
8 − 3 = ■

6 + 1 = ■
7 − 1 = ■

5

4 + 4 = ■
■ − 4 = ■

3 + 4 = ■
■ − 4 = ■

6

7 + 3 = ■
■ − 3 = ■

4 + 5 = ■
■ − 5 = ■

7

2 + 5 = ■
■ − 5 = ■

3 + 6 = ■
■ − 6 = ■

B Nachspielen, erzählen. **1**, **2** Mit Stäben legen; Zahlensatz schreiben; Stäbe anmalen. **3** Zahlensatz nennen; gegebenenfalls legen; berechnen, Ergebnis eintragen. **4** bis **7** Zahlensatz nennen; gegebenenfalls legen, schreiben.

7 − 3 =

4 + 3 =

1

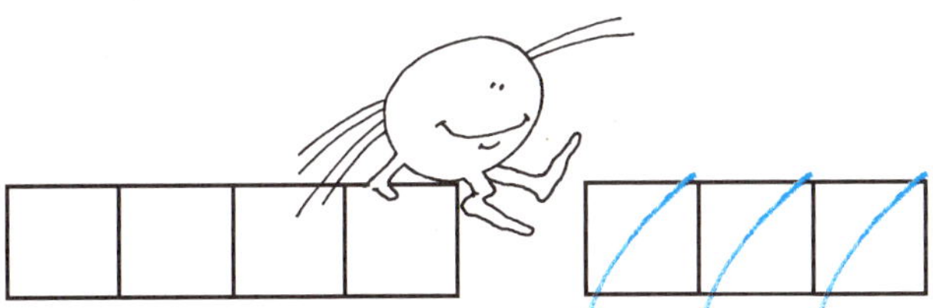

7 − 3 =

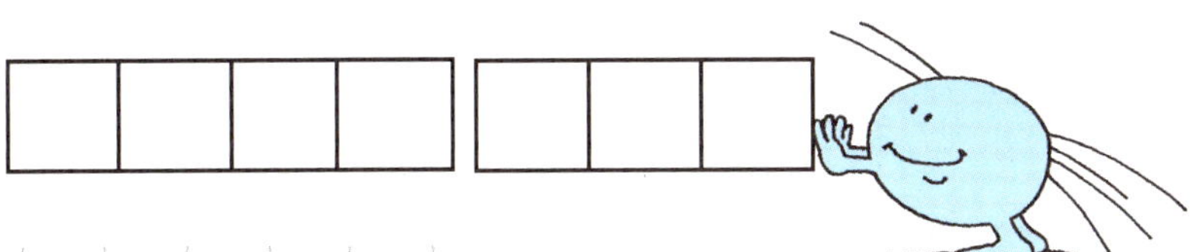

4 + 3 =

2

− =

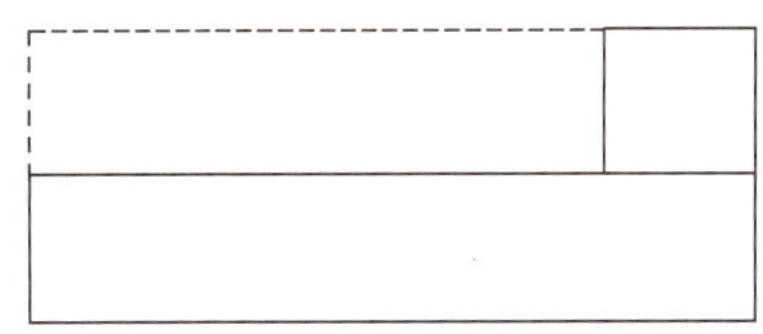

+ =

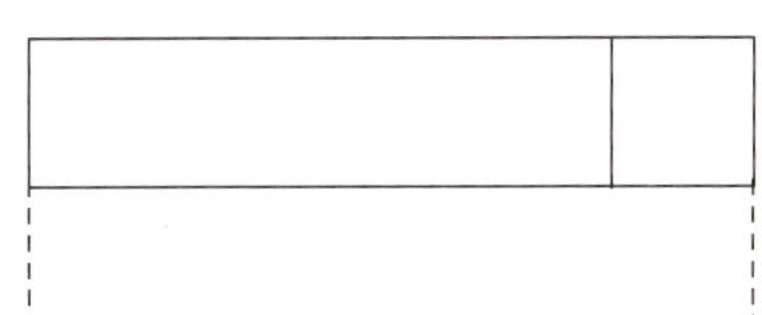

3

5 − 2 =	9 − 5 =	6 − 6 =	8 − 7 =
3 + 2 =	4 + 5 =	+ 6 =	+ =

4
7 − 5 = ■
2 + 5 = ■
8 − 3 = ■
■ + 3 = ■

5
6 − 4 = ■
■ + 4 = ■
9 − 6 = ■
■ + 6 = ■

6
10 − 5 = ■
■ + 5 = ■
10 − 7 = ■
■ + 7 = ■

7
8 − 6 = ■
■ + 6 = ■
7 − 0 = ■
■ + 0 = ■

B Nachspielen, erzählen. **1**, **2** Mit Stäben legen; Zahlensatz schreiben; Stäbe anmalen. **3** Zahlensatz nennen; gegebenenfalls legen; berechnen, Ergebnis eintragen. **4** bis **7** Zahlensatz nennen; gegebenenfalls legen, schreiben.

1

4 + 1 = 1 + 4 =
5 − 1 = 5 − 4 =

2

5 + 2 = 2 + 5 =
7 − 2 = 7 − 5 =

3

6 + 3 = 3 + 6 =
9 − 3 = 9 − 6 =

1 + 7 = 7 + 1 =
− 7 = − =

4

7 + 2 = 2 + 7 =
− 2 = 9 − 7 =

9 + 0 = 0 + 9 =
− 0 = − =

5

3 + 7 = ■ 7 + 3 = ■
■ − 7 = ■ ■ − 3 = ■

4 + 6 = ■ 6 + 4 = ■
■ − 6 = ■ ■ − ■ = ■

6

5 + 3 = ■ 3 + 5 = ■
■ − 3 = ■ ■ − 5 = ■

7 + 0 = ■ 0 + 7 = ■
■ − 0 = ■ ■ − ■ = ■

B Nachspielen, erzählen. 1, 2 Mit Stäben legen; Zahlensatz schreiben; Stäbe anmalen. 3, 4 Zahlensatz nennen; gegebenenfalls legen; berechnen, Ergebnis eintragen. 5, 6 Zahlensatz schreiben; gegebenenfalls legen.

6 + 4 = 10

1

5 + ▢ = 7

▢ + 3 = 6

2

1 + ▢ = 5

▢ + 4 = 7

3

6 + ▢ = 7	2 + ▢ = 2
6 + ▢ = 8	2 + ▢ = 4
6 + ▢ = 9	2 + ▢ = 6

4 (Dreieck)

▢ + 1 = 5	▢ + 4 = 6
▢ + 2 = 7	▢ + 4 = 4
▢ + 3 = 9	▢ + 4 = 8

5

5 + ■ = 7	5 + ■ = 9
6 + ■ = 7	6 + ■ = 9
7 + ■ = 7	7 + ■ = 9

6 (Dreieck)

■ + 1 = 4	■ + 5 = 5
■ + 2 = 4	■ + 5 = 6
■ + 3 = 4	■ + 5 = 7

B Nachspielen, erzählen; mit Stäben legen, Zahlensatz ergänzen. 1, 2 Mit Einern/Stäben legen; Zahlensatz ergänzen; Stäbe anmalen. 3 bis 6 Zahlensatz schreiben; gegebenenfalls mit Stäben legen.

1

+	0	1	2	3
2	2			
4				

2

−	0	1	2	3
8	8			
10				

3

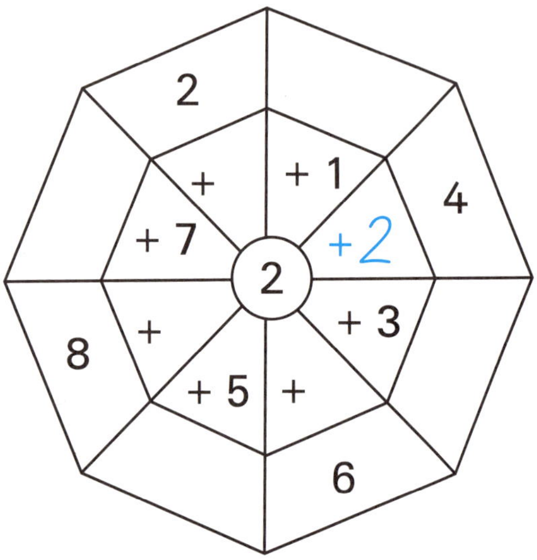

4

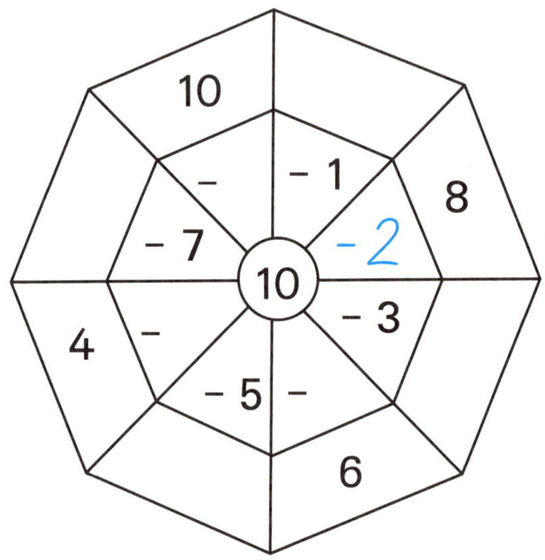

5

3 + 2	9	9 − 1
6 + 0	7	8 − 2
5 + 2	8	10 − 5
4 + 5	6	10 − 3
1 + 7	5	9 − 0

6

0 + 7	2	6 + 2
6 − 4	3	9 − 4
4 + 4	5	1 + 6
7 − 2	7	3 − 0
1 + 2	8	0 + 2

7

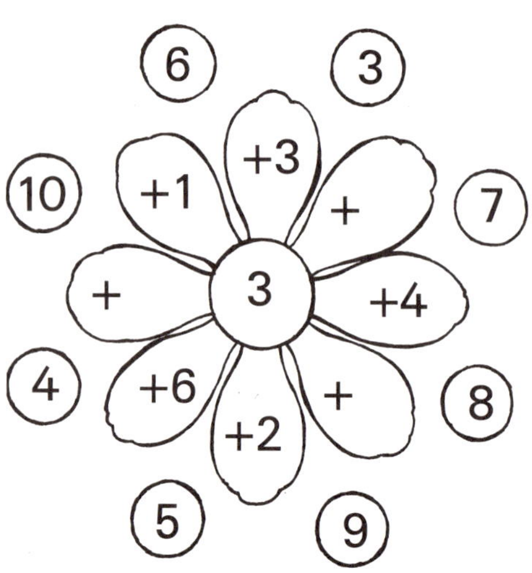

8

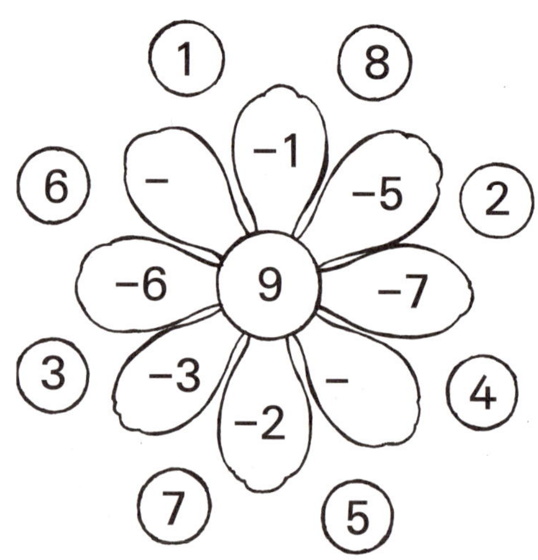

1 bis **4**, **7**, **8** Zahlensatz nennen; berechnen, Ergebnis eintragen.
5, **6** Zahlensatz nennen; berechnen, Aufgabe und Ergebnis gleich färben.